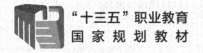
"十三五"职业教育
国家规划教材

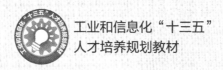
工业和信息化"十三五"
人才培养规划教材

C 语言
程序设计

第 2 版 | 微课版

李刚 徐义晗 主编

章万静 邢海霞 副主编

U0233617

The C Programming
Language

人民邮电出版社
北 京

图书在版编目（CIP）数据

C语言程序设计：微课版 / 李刚，徐义晗主编. --
2版. -- 北京：人民邮电出版社，2019.11（2022.12重印）
工业和信息化"十三五"人才培养规划教材
ISBN 978-7-115-52184-2

Ⅰ．①C… Ⅱ．①李… ②徐… Ⅲ．①C语言—程序设
计—高等职业教育—教材 Ⅳ．①TP312.8

中国版本图书馆CIP数据核字(2019)第223938号

内 容 提 要

本书以C语言的基本语法、语句为基础，详细介绍了C语言程序设计的基本方法。本书由浅入深、循序渐进，采用实例化的编写方式，并加以进阶案例实践项目练习，旨在提高学生的算法设计和程序设计水平。

全书共13章，主要包括C语言概述、C语言数据与运算、算法与流程图、顺序结构程序设计、选择结构程序设计、循环结构程序设计、数组、函数、编译预处理、指针、构造类型、位运算、文件等内容。

本书既可作为高等教育应用型本科院校和高职高专学校计算机专业的教材，也可作为各类计算机培训班的教材。

◆ 主　编　李　刚　徐义晗
　　副主编　章万静　邢海霞
　　责任编辑　刘　佳
　　责任印制　王　郁　马振武

◆ 人民邮电出版社出版发行　北京市丰台区成寿寺路11号
　　邮编　100164　电子邮件　315@ptpress.com.cn
　　网址　https://www.ptpress.com.cn
　　山东华立印务有限公司印刷

◆ 开本：787×1092　1/16
　　印张：15.5　　　　　　　　　2019年11月第2版
　　字数：415千字　　　　　2022年12月山东第12次印刷

定价：49.80元

读者服务热线：(010)81055256　印装质量热线：(010)81055316
反盗版热线：(010)81055315
广告经营许可证：京东市监广登字20170147号

第 2 版前言
Foreword

《C 语言程序设计》立体化教程自 2015 年 2 月出版以来，备受许多应用型本科及高等职业院校师生的青睐。编者根据教育部发布的《职业院校教材管理办法》《教育信息化 2.0 行动计划》、精品在线开放课程建设要求，结合计算机领域发展及广大读者的反馈意见，在保留原书特色的基础上进行全面修订。这次修订的主要工作如下。

❑ 对本书第 1 版存在的一些问题加以修正，更新了书中部分章节的项目案例及实验数据。

❑ 将第 1 版的理论知识讲解到实践应用结构，修改为项目案例介绍到理论知识讲解，再到项目实现结构，设置更符合学习者的认知规律。

❑ 在书中嵌入微课视频二维码，学习者可以打开手机，通过扫描二维码的方式进行学习，随时扫描随时学习，方便快捷。

❑ 为满足较为优秀学生的学习需求，书中提供了知识进阶案例，以达到分层、分类培养的目的。

❑ 为实现线上、线下混合教学，编者提供了 C 语言程序设计在线开放课程，包括微课、PPT 课件、动画、实验视频、测验、讨论等。

❑ 为进一步提高学生的程序设计水平，增加了技能训练模块，对接岗位需求，教师示范操作，学生编程模拟训练，达到学以致用。

❑ 为进一步推进习近平新时代中国特色社会主义思想进教材，将社会主义核心价值观、大国工匠精神、团队合作精神、劳模精神等课程思政元素融入教材。

修订后，本书更符合职业能力培养、教学职场化、教材实践化的特点，更适合高等教育应用型本科院校和高职高专学校使用。

本书主要分为四篇：语法基础篇、程序设计结构篇、初级应用篇和高级应用篇。第 1 章、第 2 章为语法基础部分，第 3 章至第 6 章为程序设计结构部分，第 7 章至第 9 章为初级应用部分，第 10 章至第 13 章为高级应用部分。本书采用实例描述、知识储备、实例分析与实现、进阶案例的结构。第一步：通过实例项目介绍引入问题，使读者掌握项目的知识需求；第二步：采用生活化实例讲解基础知识及调试技巧，清晰阐述具体算法设计过程和操作步骤，并用 C 语言实现程序设计；第三步：通过实例项目分析与实现提高读者相关程序结构分析能力，通过进阶案例提高读者知识应用能力。

全书由李刚、徐义晗任主编，章万静、邢海霞任副主编。本书编写分工如下：李刚编写第 1 章、第 4 章、第 6 章、第 11 章、第 13 章，徐义晗编写第 3 章、第 5 章、第 7 章、第 8 章，章万静编写第 2 章、第 10 章，邢海霞编写第 9 章、第 12 章，全书由李刚统稿。本书在编写过程中还得到了刘万辉和刘长荣的帮助和支持，在此表示衷心感谢。

本书提供了微课视频、PPT 课件、动画、源程序、题库、案例文档等电子资源，读者可登录人邮教育社区（www.ryjiaoyu.com）下载使用。

由于编者水平有限，书中难免存在疏漏和不足之处，请广大读者批评指正。

编　者

2021 年 9 月

目录

Contents

第一篇
语法基础

第1章

C语言概述

学习目标

- 了解C语言的发展史及特点。
- 掌握简单C语言程序的基本构成。
- 掌握Visual C++ 6.0开发环境及应用。
- 掌握编写C语言程序的基本步骤和解决方法。

实例描述——ATM 机主界面设计

各大银行自从有了 ATM 机以后，用户存取款就便捷了很多，ATM 机功能一般包括查询余额、取款、存款、打印凭条、转账、退卡等功能，操作主界面如图 1.1 所示，用 C 语言编程实现输出该界面。

图 1.1　实例运行结果

知识储备

C 语言是使用最广泛的编程语言之一，被大量适用在系统软件与应用软件的开发中，它具有语言简洁、使用方便灵活、移植性好、能直接对系统硬件和外围接口进行控制等特点。本章将简要介绍 C 语言的发展和特点、C 程序的结构及运行环境。

1.1　C 语言的发展史及特点

要学习 C 语言，应该先清楚地了解 C 语言的发展历程，了解为什么要选择 C 语言，以及它有哪些特性，只有这样才会更深刻地了解这门语言，才能更好地学习这门语言。

V1-1　C 语言的
发展史

1.1.1　C 语言的发展史

C 语言是目前国际上最流行的计算机高级语言之一，既可以用来编写系统软件，也可以用来编写应用软件，集汇编语言和高级语言的优点于一身。

C 语言的原型是 ALGOL 60 语言。1963 年，剑桥大学将 ALGOL 60 语言发展成为 CPL（Combined Programming Language）。1967 年，剑桥大学的马丁·理查德（Martin Richard）对 CPL 进行了简化，于是产生了 BCPL（Basic CPL）。1970 年，美国贝尔实验室的肯·汤姆森（Ken Thompson）将 BCPL 进行了修改，并为它起了一个有趣的名字"B 语言"，意思是将 CPL 语言中的精华提炼出来，并且他用 B 语言写了第一个 UNIX 操作系统。1973 年，美国贝尔实验室的丹尼斯·瑞切（Dennis M.Ritchie）在 B 语言的基础上最终设计出了一种新的语言，他用 BCPL 的第二个字母作为这种语言的名字，即 C 语言。

为了推广 UNIX 操作系统，1977 年，Dennis M.Ritchie 发表了不依赖于具体机器系统的 C 语言编译文本——《可移植的 C 语言编译程序》。

1978 年，布瑞恩·科尼森（Brian W.Kernighian）和 Dennis M.Ritchie 出版了名著《C 语言程序设计》(*The C Programming Language*)，从而使 C 语言成为当时世界上广泛流行的程序设计语言。

随着微型计算机的日益普及，出现了许多 C 语言版本。由于没有统一的标准，使得这些 C 语言之间出现了一些不一致的地方。为了改变这种情况，美国国家标准研究所（ANSI）于 1983 年成立了专门定义 C 语言标准的委员会，花了 6 年时间使 C 语言迈向标准化。随着 C 语言被广泛关注与应用，ANSI C 标准于 1989 年发布。该标准一般被称为 ANSI/ISO Standard C，成为现行的 C 语言标准，而且 C 语言也随之成为最受欢迎的语言之一，许多著名的系统软件都是用 C 语言编写的。

到了 1995 年，出现了初步的 C++语言。C++在 ANSI C 的基础上增加了一些库函数，进一步扩充和完善了 C 语言，成为一种面向对象的程序设计语言。C++目前流行的最新版本是 Microsoft Visual C++ 6.0，提出了一些更为深入的概念，它所支持的面向对象概念很容易将问题空间直接映射到程序空间，为程序员提供了一种与传统结构程序设计不同的思维方式和编程方法，但同时也增加了整个语言的复杂性，掌握起来有一定难度。

C 语言是 C++语言的基础，两种语言在很多方面是兼容的。因此，掌握了 C 语言，再进一步学习 C++语言，就能以一种熟悉的语法来学习面向对象的语言，可以达到事半功倍的目的。

1.1.2 C 语言的特点

C 语言是一种极具生命力的语言，它具有很多特点，一般可归纳如下。

（1）C 语言具有结构语言的特点，程序之间很容易实现段的共享。它采用结构化的流程控制语句实现选择结构、循环结构，允许采用缩进的书写形式编程。因此，用 C 语言编写的程序层次结构清晰。

（2）C 语言的主要结构成分是函数。函数作为 C 程序的模块单位，便于实现程序的模块化，而且便于模块间相互调用及数据传递。

（3）运算符丰富。C 语言有 34 种运算符和 15 个等级的运算优先顺序，表达式类型多样，可以实现其他语言难以实现的运算。

（4）数据类型丰富。C 语言数据类型有整型、实型、字符型、数组类型、指针类型、结构体类型、共用体类型及枚举类型，能用来实现各种复杂的数据结构运算。

（5）比较接近硬件。C 语言允许直接访问物理地址，能进行位操作，能实现汇编语言的大部分功能，可以直接对硬件进行操作。

（6）语法限制少，程序设计自由度大。C 语言允许程序编写者有较大的自由度，放宽了以往高级语言严格的语法检查，较好地处理了"限制"与"灵活"之间的矛盾。

（7）生成目标代码质量高，程序执行效率高。C 语言只比汇编程序生成的目标代码效率低 10%～20%。

（8）可移植性好。C 语言编制的程序基本上不做修改就能用于各种型号的计算机和各种操作系统。

以上为 C 语言最容易理解的一般特点，对于 C 语言内部的其他特点，本书将在以后的章节陆续介绍。

1.2 简单的 C 语言程序

C 语言是人类共有的财富，是普通人只要努力学习就可以掌握的知识。

1.2.1 第一个 C 语言程序

首先通过 C 语言程序的简单实例来说明 C 语言源程序结构的特点和书写方式。

V1-3 C 语言程序的基本构成

【例 1.1】 输出某位同学的学号、姓名、性别、联系方式。

代码清单 1.1：

```
main()
{
    printf("学号:35013101\n");
    printf("姓名:王 迪\n");
    printf("性别:女\n");
    printf("联系方式:13861595511\n");
}
```

程序运行后，结果如图 1.2 所示。

思政案例：编程输出
社会主义核心价值观

图 1.2　程序运行结果

- ❑ 每一个 C 语言源程序都必须有且只能有一个主函数（main 函数）。
- ❑ 一个函数由函数的首部和函数体两部分组成。
- ❑ 函数体由大括号"{}"括起来。
- ❑ printf 函数的功能是将要输出的内容送到显示器去显示。
- ❑ 双引号内的字符串按原样输出，但"\n"是转义字符，代表换行。

下面再来看一个相对复杂的 C 语言程序。

【例 1.2】 已知两个整数，求它们的和，并输出。

代码清单 1.2：

```
#include "stdio.h"        //include 为文件包含命令
main()                    //主函数
{
    int x,y,sum;          //定义三个变量
    x=2;y=3;              //变量赋值
    sum=x+y;              //计算和
    printf("sum=%d\n",sum); //输出结果
}
```

程序运行后，结果为 sum=5。

（1）#include 称为文件包含命令，扩展名为.h 的文件称为头文件，利用<>或者双引号""括起来，表明将该文件包含到程序中来，成为程序的一部分。

（2）//表明注释部分，也可以写成/*……*/，区别是//只能用在一行，/*……*/可用于多行同时注释，注释只起说明作用，不进行编译，当然也不被执行。注释可以放在程序的任何位置，内容也可以是任意字符。

（3）每一条语句都必须以分号结尾，但预处理命令、函数头和花括号"}"之后不能加分号。

（4）一行内可以书写一条或多条语句。例如"x=2;y=3;"。

1.2.2　C 语言的基本结构

概括地说，一个 C 语言源程序可由 5 个部分组合而成：

预处理（文件包含属于预处理内容）、变量说明、函数原型声明、主函数和自定义函数。

（1）并非所有 C 语言源程序都必须包含上述 5 个部分，一个最简单的 C 语言程序可以只有文件包含部分和主函数部分。

（2）每个 C 语言源程序都必须有且只能有一个主函数，主函数的组成形式如下。

```
main()
{
    变量说明部分
    程序语句部分
}
```

（3）每个 C 语言源程序可以有零个或多个自定义的非主函数，自定义非主函数的形式与主函数形式相同，只是它的名称不能是 main，形式如下。

```
函数名([参数列表])
{
    变量说明部分
    程序语句部分
}
```

（4）C 语言源程序的每个语句必须用分号"；"结束。对于其中各部分的作用、使用方法和采用什么语句来完成，可以在后续章节中通过对基本表达式、结构控制语句的学习进一步掌握，并通过了解模块化设计等方面的内容，来掌握 C 语言程序设计的思想。

（5）当 C 语言源程序由多个函数组成时，主函数可以定义在程序中的任何位置，但不能在其他函数体内定义，不论主函数处于源程序的任何位置，程序总是从主函数开始执行，且总是在主函数中结束执行的。

1.3　C 语言程序的开发过程

用 C 语言编写的程序称为源程序，是不能直接运行的。一般 C 程序开发要经历编辑、编译、连接和运行 4 个基本步骤，其操作过程如图 1.3 所示。

图 1.3　C 程序的编辑、编译、连接和运行过程图

1.　编辑

一般来说，编辑是指对 C 语言源程序的录入和修改。要使用字处理软件或编辑工具（Visual C++）将源程序以文本文件形式保存到磁盘，建议采用 Visual C++ 6.0，易于编辑和程序结构布局。源程序文件名由用户自己选定，但扩展名必须为.c。

2. 编译

编译就像某语种的翻译一样，编译的功能就是调用"编译程序"，将已编辑好的源程序翻译成二进制的目标代码。如果源程序没有语法错误，将产生一个与源程序同名，以.obj 为扩展名的目标程序；如果发现错误，则不能生成目标程序，需要回到编辑状态修改源程序，直到没有错误为止。

3. 连接

编译后产生的目标程序往往形成多个模块，还要和库函数进行连接才能运行，连接过程是使用系统提供的"连接程序"运行的。连接后，会产生以.exe 为扩展名的可执行程序。

4. 运行

可执行程序生成后，就可以在操作系统的支持下运行。若执行结果达到预期的目的，则开发工作到此完成；否则就要进一步检查修改源程序，重复上述步骤，直到取得最终的正确结果为止。

V1-4　VC++6.0
开发环境及操作

1.4　Visual C++ 6.0 开发环境

C 语言的开发环境有 Turbo C 环境与 Visual C++ 6.0 环境，本书以 Visual C++ 6.0 为操作平台，介绍 C 语言的应用。本小节简单介绍在 Visual C++ 6.0（以下简称 VC++ 6.0）集成环境中，如何建立 C 语言程序，以及如何编辑、编译、连接和运行 C 语言程序。

1. 启动 V C++ 6.0

选择"开始"→"程序"→Microsoft Visual C++ 6.0，或者双击桌面上的快捷方式🖱️，启动 VC++ 6.0 编译系统。VC++ 6.0 主界面如图 1.4 所示。

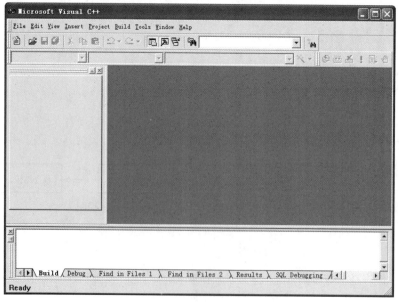

图 1.4　VC++ 6.0 主界面

2. 新建项目

选择"File"→"New"命令，如图 1.5 所示，在出现的对话框中选择"Projects"选项卡中的"Win32 Console Application"选项，在右侧窗格输入工程名，设定保存位置，如图 1.6 所示；单击"OK"按钮，弹出新窗口，选择默认选项，单击"Finish"按钮。

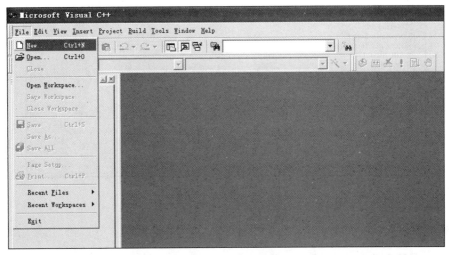

图 1.5　新建项目菜单

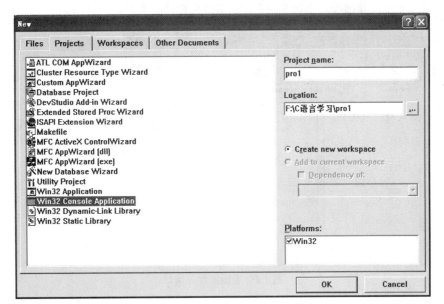

图 1.6　新建项目窗口

3. 新建文件

选择"File"→"New"命令，打开"New"对话框，切换到"Files"选项卡，选择"C++ Source File"选项，如图 1.7 所示，在"File"下面的文本框中输入文件名 test.c。注意扩展名必须是".c"，否则是 C++程序。单击"OK"按钮，弹出如图 1.8 所示的窗口。

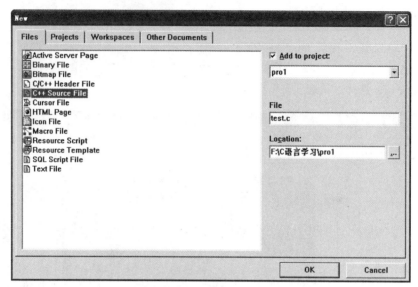

图 1.7　新建文件窗口

4. 编辑源程序

按照 C 语言程序设计要求，在编辑窗口中输入 C 语言源程序，如图 1.8 所示，编写代码时，要适时单击工具栏上的按钮 保存文件，防止突然关机导致代码丢失。

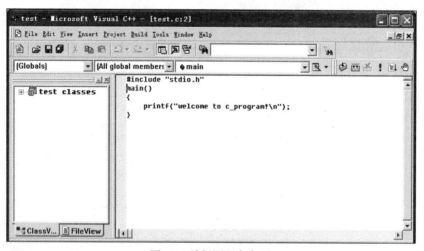

图 1.8　编辑源程序窗口

5. 编译源程序

选择 "Build" → "Compile test.c" 命令，或单击工具栏上的按钮 进行编译。如果程序未存盘，系统在编译前自动打开对话框，提示用户保存程序。在编译过程中如果出现错误，将在下方窗格中列出所有错误和警告。双击即可显示错误或警告的当前行，光标定位在有错误的代码行；修改错误后重新编译，反复修改至无错误为止。没有任何错误时，显示错误和警告数都为 0，如图 1.9 所示。

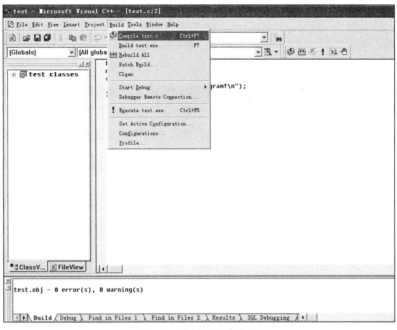

图 1.9　编译源程序窗口

6. 连接目标程序

编译没有错误之后，选择"Build"→"Build test.exe"命令，如图 1.10 所示，或单击连接按钮，构建.exe 文件。与编译时一样，如果系统在连接过程中发现错误，将在窗口中列出所有错误与警告，需要修改错误重新编译和连接，直到编译和连接都没有错误为止。

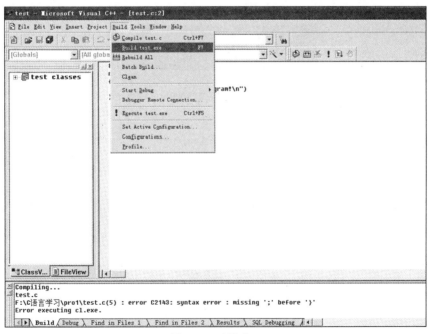

图 1.10　连接窗口

7. 运行可执行文件

选择"Build"→"Execute test.exe"命令，如图 1.11 所示，或单击运行按钮 ，显示运行结果，如图 1.12 所示。按任意键即可返回编辑窗口。

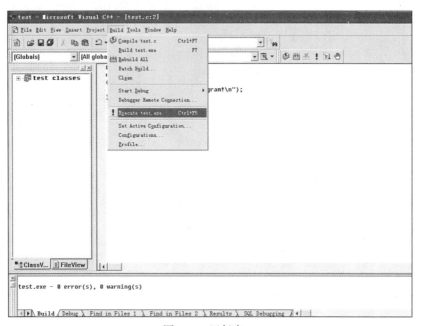

图 1.11　运行窗口

如果退出 VC++ 6.0 环境后需要重新打开以前建立的文件 test.c，可选择"File"→"Open"命令，再选择打开"test.c"。

图 1.12　运行结果

1.5　常见编译错误与解决方法

本章程序设计过程中常见的错误、警告及解决方法举例如下。

1. 没有加入头文件 stdio.h

代码清单 1.3：

```
main()
{
    printf("welcome to c_program!\n");
}
```
警告显示：

```
warning C4013: 'printf' undefined; assuming extern returning int
```

解决方法：在主函数的上面加上代码#include "stdio.h"。

2. 主函数第一个字母大写了

代码清单1.4：

```
#include "stdio.h"
Main()
{
    printf("welcome to c_program!\n");
}
```

错误显示：

```
error LNK2001: unresolved external symbol _main
```

解决方法：将 Main 修改为 main。

3. 语句结束后忘记加分号 ";"

代码清单1.5：

```
#include "stdio.h"
main()
{
    printf("welcome to c_program!\n")
}
```

错误显示：

```
error C2143: syntax error : missing ';' before '}'
```

解决方法：在语句 printf("welcome to c_program!\n")后面加上分号 ";"。

4. 将英文状态下的双引号""写成中文状态下的双引号" "

代码清单1.6：

```
#include "stdio.h"
main()
{
    printf( "welcome to c_program!\n" );
}
```

错误显示：

```
error C2018: unknown character '0xa1'
error C2018: unknown character '0xb0'
```

解决方法：将中文状态下的双引号""修改为英文状态下的双引号""。

实例分析与实现

1. 实例分析

ATM 机界面全部由符号和文字构成，在 C 语言中，printf 函数的功能就是在屏幕上输出数据，所以可以利用该函数实现每一行数据的输出。其中第一行输出汉字"中国人民银行"，第二行输出多个–，第三行输出–、>、<和"余额""取款"，第四行输出多个空格，第五行输出–、>、<、*和"转账""注意安全""存款"，第六行输出多个空格，第七行输出–、>、<和"清单""退卡"，第八行输出多个–。具体算法如下。

① 加入头文件，因为导入头文件 stdio.h 后，才可以使用 printf 函数。

② 编写主函数，利用 printf 函数打印银行名称。

③ 利用 printf 函数打印多条横线。

④ 利用 printf 函数打印"余额"文本、"取款"文本和各类符号。

⑤ 利用 printf 函数打印多个空格。

⑥ 利用 printf 函数打印"转账"文本、"注意安全"文本、"存款"文本和各类符号。

⑦ 利用 printf 函数打印多个空格。

⑧ 利用 printf 函数打印"清单"文本、"退卡"文本和各类符号。

⑨ 利用 printf 函数打印多条横线。

2. 项目代码

代码清单 1.7：

```
#include "stdio.h"
main()
{
    printf("            中国人民银行               \n");
    printf("--------------------------------\n");
    printf("->余额                       取款<-\n");
    printf("                                \n");
    printf("->转账         *注意安全*        存款<-\n");
    printf("                                \n");
    printf("->清单                       退卡<-\n");
    printf("--------------------------------\n");
}
```

进阶案例——两个数据的算术运算

1. 案例介绍

任意输入两个整数，分别求出两数之和、两数之差、两数乘积、两数相除的结果，并输出相应值。例如输入 6 和 3，输出"9,3,18,2"，运行结果如图 1.13 所示。

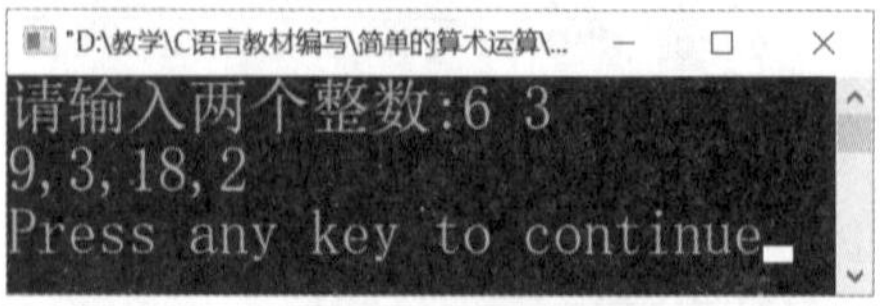

图 1.13　实例运行结果截图

2. 案例分析

首先定义 6 个变量，两个用于存储输入的两个整数，四个分别用于存储和、差、积和商，然后利用 printf 函数提醒"请输入两个整数"，利用 scanf 函数实现两个整数的输入，再利用数学公式分别计算两数之和、两数之差、两数乘积、两数相除的结果，最后利用 printf 函数输出结果值。具体算法如下。

① 定义 6 个整型变量。

② 利用 printf 函数提醒"请输入两个整数"。

③ 利用 scanf 函数输入两个整数。

④ 利用数学公式计算和、差、积和商，其中*代表乘号，/代表除号。

⑤ 利用 printf 函数输出相应结果。

3. 项目代码

代码清单1.8：

```
#include "stdio.h"
main()
{
    int a,b,sum,dif,pro,div;
    printf("请输入两个整数:");
    scanf("%d%d",&a,&b);      //输入两个整数
    sum=a+b;     //求和
    dif=a-b;     //求差
    pro=a*b;     //求乘积
    div=a/b;     //求商
    printf("%d,%d,%d,%d\n",sum,dif,pro,div);
}
```

同步训练

一、选择题

1. C 语言源程序的基本单位是（   ）。

    A. 过程   B. 函数   C. 子程序   D. 标识符

2. 在 C 语言程序中，main 函数的位置（   ）。

    A. 必须作为第一个函数   B. 必须作为最后一个函数

    C. 可以任意   D. 必须放在它所调用的函数之后

3. C 编译程序是（   ）。

    A. C 程序的机器语言版本   B. 一组机器语言指令

    C. 将 C 源程序编译成目标程序的程序   D. 由制造厂商提供的应用软件

4. 以下叙述中正确的是（   ）。

    A. C 语言比其他语言高级

    B. C 语言以接近英语国家的自然语言和数学语言作为语言的表达形式

    C. C 语言可以不用编译就能被计算机识别执行

    D. C 语言出现得最晚，具有其他语言的一切优点

5. 以下叙述中正确的是（   ）。

    A. C 程序中注释部分可以出现在程序中任意合适的地方

    B. C 程序的书写格式是固定的，每行只能写一条语句

    C. 构成 C 程序的基本单位是函数，所有函数名都可以由用户命名

    D. 在对 C 语言程序进行编译时，可以发现注释行中的拼写错误

6. 下列 4 个程序中，完全正确的是（   ）。

    A. #include "stdio.h"   B. #include "stdio.h"

```
main();                              main()
{ /*programming*/                    {  /*programming*/
  printf("programming!\n");}            printf("programming!\n");}
```

C. #include "stdio.h"   D. include "stdio.h"

```
main();                              main()
{ /*programming*/*/                  {  /*programming*/
  printf("programming!\n");}            printf("programming!\n");}
```

二、填空题

1. C 程序是由_____构成的，一个 C 程序必须有一个_____。

2. C 源程序的扩展名是_____，目标程序的扩展名是_____，可执行程序的扩展名是_____。

3. C 程序的开发过程包括_____、_____、_____和_____4 个步骤。

4. 一个函数由两部分组成，包括_____和_____。

5. 每个 C 语言源程序的语句必须用_____结束。

6. 当 C 语言源程序由多个函数组成时，程序总是从_____开始执行，且总是在_____中结束执行。

三、简答题

1. 根据自己的认识，写出 C 语言的主要特点。

2. 编程实现，输出以下信息。

```
************************
    Very   Good!
************************
```

3. 编程实现，已知正方形的边长，求它的周长和面积。

技能训练

C 语言开发环境及程序基本结构

第2章

C语言数据与运算

学习目标

- 掌握C语言的数据类型。
- 掌握C语言中的常量及其类型。
- 掌握C语言中的变量及其类型。
- 掌握C语言中的运算符和表达式。

实例描述——计算学生的综合积分

高校主要依据学生的综合积分排名进行学生奖学金评定，综合积分由文化积分和德育积分构成，文化积分是所有课程成绩总和除以课程门数，德育积分是参加各类活动所得的积分，计算公式为学生综合积分=文化积分×70%+德育积分×30%。已知某位同学各门课程成绩和德育成绩，请编程实现计算这位同学的综合积分，运行结果如图 2.1 所示。

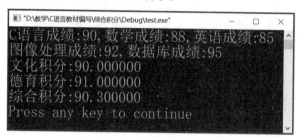

图 2.1　实例运行结果

知识储备

通过第 1 章的学习，相信大家对 C 语言已经有了初步的认识。接下来本章将针对 C 语言开发过程中必需掌握的数据类型、常量、变量、运算符与表达式等基础知识进行讲解。

2.1　数据类型

数据类型是指数据在内存中的表现形式，不同的数据类型在内存中的存储方式是不同的，在内存中所占的字节数也是不同的。在 C 语言中，数据类型可分为基本类型、构造类型、指针类型、空类型四大类，如图 2.2 所示。

V2-1　数据类型

1. 基本类型

基本类型最主要的特点是其值不可以再分解为其他类型。也就是说，基本数据类型是自我说明的。

2. 构造类型

构造类型是根据已定义的一个或多个数据类型用构造的方法来定义的。也就是说，一个构造类型的值可以分解成若干个"成员"或"元素"，每个"成员"又是一个基本类型或一个构造类型。在 C 语言中，构造类型有数组类型、结构体类型、共用体（联合）类型和枚举类型 4 种。

3. 指针类型

指针类型是一种特殊的、具有重要作用的数据类型，其值用来表示某个变量在内存储器中的地

图 2.2　C 语言数据类型

址。虽然指针变量的取值类似于整型量，但这是两个类型完全不同的量，因此不能混为一谈。

4. 空类型

调用函数时，通常应向调用者返回一个函数值，这个返回的函数值是具有一定的数据类型的。有一类函数，调用后并不需要向调用者返回函数值，这种函数可以定义为"空类型"，其类型说明符为 void。

本章先介绍基本类型中的整型、浮点型和字符型，其他几种类型在以后章节中会介绍。

2.2 常量与变量

对于基本类型数据，按其取值是否可改变又分为常量和变量两种。在程序执行过程中，值不发生改变的量称为常量，值可变的量称为变量。它们可与数据类型结合起来分类，例如，可分为整型常量、整型变量、浮点常量、浮点变量、字符常量及字符变量。在程序中，常量是可以不经说明而直接引用的，而变量则必须先定义后使用。

2.2.1 常量和符号常量

V2-2 常量与符号
常量

1. 标识符和关键字

（1）标识符是对变量名、函数名、标号和其他各种用户定义的对象的命名。

命名规则：标识符由字母、数字或者下画线组成，且第一个字符必须是字母或下画线。

- ❑ 标识符区分大小写。
- ❑ 标识符的有效长度取决于具体的 C 语言编译系统。
- ❑ 标识符的书写一般采用具有一定实际含义的单词，这样可提高程序的可读性。
- ❑ 标识符不能与 C 语言的关键字相同，也不能与自定义函数或 C 语言库函数相同。

（2）关键字是具有固定名字和特定含义的特殊标识符，也称保留字，不允许程序设计者将它们另做别用。

C 语言中有如下大约 32 个关键字。

- ❑ 数据类型定义：typedef。
- ❑ 数据类型：char、double、enum、float、int、long、short、struct、union、unsigned、void、signed、volatile、auto、extern、register、static、const。
- ❑ 运算符：sizeof。
- ❑ 语句：break、case、continue、default、do、else、for、goto、if、return、switch、while。

2. 直接常量

直接常量包括整型常量、实型常量、字符常量。

（1）整型常量

整型常量就是整常数，在 C 语言中有如下 3 种表示形式。

❑ 十进制整数：每个数字位合法取值范围是 0~9，如 250、-12，属于合法的；如 058、35D，含有非十进制数码，属于不合法的。

❑ 八进制整数：每个数字合法取值范围位是 0~7，最高位为 0，如十进制的 128，用八进制表示为 0200，属于合法的；如 256（无前缀 0）、02A6（包含了非八进制数码 A）、-0256（出现了负号），属于不合法的。

❑ 十六进制整型常量：每个数字位可以是 0~9、A~F，以 0x 或 0X 开头，如十进制的 128，用十六进制表示为 0x80 或 0X80，属于合法的；如 3A（无前缀 0x）、0x8H（包含了非十六进制数码 H），属于不合法的。

（2）实型常量

实型也叫浮点型，实型常量也叫实数或浮点数。在 C 语言中，实数有如两种表示形式。

❑ 十进制数形式：必须有小数点，如 0.123、.123、123.0、0.0 都属于合法的。

❑ 指数形式：e 或 E 之前必须有数字，指数必须为整数，如 12.3e3、123E2、1.23e4 属于合法的；而 e-5、1.2E-3.5 属于不合法的。

（3）字符常量

字符常量是用单引号括起来的一个字符，如'a'、'b'、'='、'+'、'?'都属于合法的。

在 C 语言中，字符常量有以下几个特点。

❑ 字符常量只能用单引号括起来，不能用双引号或其他括号。

❑ 字符常量只能是单个字符，不能是字符串。

❑ 字符可以是字符集中的任意字符。如'5'和 5 是不同的，'5'是字符常量。

有一个特殊的字符叫转义字符，它是一种特殊的字符常量。转义字符以反斜线"\"开头，后跟一个或几个字符。转义字符具有特定的含义，不同于字符原有的意义，故称"转义"字符。例如，在前面各例题 printf 函数的格式串中用到的"\n"就是一个转义字符，其意义是"回车换行"。常用的转义字符及其含义见表 2.1。

表 2.1　常用的转义字符及其含义

字符形式	功　　能
\n	换行
\t	横向跳格（即跳到下一个输出区）
\b	退格
\r	回车
\f	走纸换页
\\	反斜杠字符' \'
\'	单撇号字符
\"	双撇号字符
\a	报警，相当于' \007 '
\ddd	1~3 位八进制数所代表的字符
\xhh	1~2 位十六进制数所代表的字符

【例 2.1】 转义字符的使用。

代码清单 2.1:

```
#include "stdio.h"
main()
```

```
{
    printf("I love music!\n");
    printf("the music is \"D:\\music\\love.mp3\".\n");
}
```

运行结果：输出

```
I love music!
the music is "D:\music\love.mp3".
```

3. 符号常量

在 C 语言中，可以用一个标识符来表示一个常量，称为符号常量。从形式上看，符号常量是标识符，很像变量，但实际上它是常量，其值在程序运行时不能被改变。符号常量的标识符用大写字母，变量标识符用小写字母，以示区别。

符号常量采用宏定义，其一般形式如下。

```
#define 标识符 常量
```

【例 2.2】 已知圆的半径为 1.5，求圆的面积。

代码清单 2.2：

```
#include "stdio.h"
#define PI 3.14              //符号常量
main()
{
    float r,area;            //定义变量
    r=1.5;                   //赋值
    area=PI*r*r;             //计算语句
    printf("area=%f\n",area); //输出结果
}
```

运行结果：输出 "area=7.065"。

- ❑ 宏定义必须以#define 开头，标识符和常量之间不加等于号，行末不加分号。
- ❑ 宏定义#define 应该放在函数外部，这样可以控制到程序结束。

2.2.2 变量

变量在使用之前必须先定义，变量在内存中占据一定的存储单元。例如定义一个变量 r，那么内存中就应该开辟一个空间，可以存储数据，如图 2.3 所示。

V2-3 变量

1. 整型变量

（1）整型变量的分类

- ❑ 基本型：类型说明符为 int，在内存中占 4 字节。
- ❑ 短整型：类型说明符为 short int 或者 short，在内存中占两字节。
- ❑ 长整型：类型说明符为 long int 或者 long，在内存中占 4 字节。
- ❑ 无符号型：类型说明符为 unsigned。

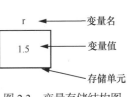

图 2.3　变量存储结构图

无符号型也可以和上述 3 种类型匹配使用。

各类整型变量所分配的内存字节数及数的表示范围如表 2.2 所示。

表 2.2　常见整型变量

类型说明符	字节数	数的取值范围
int	4	$-2^{31} \sim (2^{31}-1)$
short	2	$-2^{15} \sim (2^{15}-1)$
long	4	$-2^{31} \sim (2^{31}-1)$
unsigned	4	$0 \sim (2^{32}-1)$
unsigned short	2	$0 \sim 65535$
unsigned long	4	$0 \sim (2^{32}-1)$

（2）整型变量的定义

变量定义的一般形式为
类型说明符 变量1[=值1],变量2[=值2],…;

❑ 类型说明符可以是表 2.2 所列的任何一种类型，类型说明符与变量名之间至少要有一个空格间隔。

❑ 在一个类型说明符后可定义多个相同类型的变量，但变量间要用逗号间隔。

❑ 最后一个变量名后必须用分号结束。

❑ ［ ］内的为可选项，即为变量的初始化。

例如：

```
int a,b;      //a,b为整型变量
long x,y;     //x,y为长整型变量
```

【例 2.3】 已知两个变量 x 和 y，求和。

代码清单 2.3：

```
#include "stdio.h"
main()
{
    int x,y,z;
    x=2;
    y=3;
    z=x+y;
    printf("x+y=%d\n",z);
}
```

运行结果：输出"x+y=5"。

如果将变量定义代码修改为"int x=2,y=3,z"，结果会是一样的。

2. 实型变量

（1）实型变量的分类
- 单精度：类型说明符为 float，在内存中占 4 字节。
- 双精度：类型说明符为 double，在内存中占 8 字节。

各类实型变量所分配的内存字节数及数的表示范围如表 2.3 所示。

表 2.3　常见实型变量

类型说明符	字节数	数的取值范围	有效数字
float	4	$1.17 \times 10^{-38} \sim 3.40 \times 10^{38}$	6~7 位
double	8	$2.22 \times 10^{-308} \sim 1.79 \times 10^{308}$	15~16 位

（2）实型变量的定义
实型变量的定义格式和书写规则与整型变量相同。

- 实型变量由有限的存储单元组成，能提供的有效数字有限，这样就存在舍入误差。
- 一个单精度实型变量只能保证 7 位有效数字，后面的数字是无意义的，并不准确地表示该数。应当避免将一个很大的数和一个很小的数直接相加或相减，否则就会"丢失"小的数。

例如：

```
float a,b,c;        //a,b,c为单精度实型变量
double x,y,z;       //x,y,z为双精度实型变量
```

【例 2.4】 已知圆的半径，求圆的面积。

代码清单 2.4：

```
#include "stdio.h"
main()
{
    float r=1.5,pi,area;         //定义变量
    pi=3.14;                     //赋值
    area=pi*r*r;                 //计算语句
    printf("area=%f\n",area);    //输出结果
}
```

思政案例：
圆周率的由来

运行结果：输出 "area=7.065000"，小数点后面默认保留 6 位。

【例 2.5】 实型数据的舍入误差。

代码清单 2.5：

```
#include "stdio.h"
main()
{
  float x=4.56789e10,y;
  y=x+11;
  printf("%e\n",y);
}
```

运行结果：输出 "4.567890e+010"，没有实现加 11 的运算。

3. 字符变量

字符变量用来存放字符常量，只能放一个字符，一个字符变量在内存中占一字节。

字符变量的类型说明符是 char。字符变量类型定义的格式和书写规则都与整型变量相同。

例如：

```
char a,b;    //a,b为字符变量
```

【例 2.6】 向字符变量赋以整数。

代码清单 2.6：

```
#include "stdio.h"
main()
{
    int m;
    char c;
    m='A';         //字符赋值给整型变量
    c=66;          //整数赋值给字符变量
    printf("%c,%d\n",m,m);
    printf("%c,%d\n",c,c);
}
```

运行结果：输出

```
A, 65
B, 66
```

C 语言允许对整型变量赋以字符值，也允许对字符变量赋以整型值。在输出时，允许把字符变量按整型量输出，也允许把整型量按字符量输出。

V2-4 数据类型转换

2.3 数据类型转换

变量的数据类型是可以转换的，转换方式有两种，一种是自动类型转换，另一种是强制类型转换。

1. 自动类型转换

自动类型转换发生在不同数据类型的量混合运算时，由编译系统自动完成。自动转换遵循以下规则。

- ❑ 若参与运算的量类型不同，则先转换成同一类型，然后进行运算。
- ❑ 转换按数据长度增加的方向进行，以保证精度不降低。如 int 型和 long 型运算时，会先把 int 量转成 long 型后再进行运算。
- ❑ 所有浮点运算都是以双精度进行的，即使仅含 float 单精度量运算的表达式，也要先转换成 double 型，再进行运算。
- ❑ char 型和 short 型参与运算时，必须先转换成 int 型。
- ❑ 在赋值运算中，赋值号两边量的数据类型不同时，赋值号右边量的类型将转换为左边量的类型。如果右边量的数据类型长度比左边长，将丢失一部分数据，丢失的部分按四舍五入向前舍入，这样会降低精度。

如图 2.4 所示，描述了自动类型转换级别。

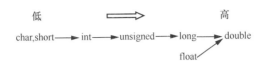

图 2.4　自动类型转换级别描述图

【例 2.7】　假设已指定 i 为整型变量，f 为 float 型变量，d 为 double 型变量，e 为 long 型变量，C 语言表达式为"10+'a'+i*f-d/e"，则表达式的运行次序如何？

代码清单 2.7：

```
#include "stdio.h"
main()
{
    int i=2;
    float f=1.5;
    double d=4.0;
    long e=2;
    printf("第一步：i*f=%lf,i转化为double类型参与运算。\n",i*f);
    printf("第二步：d/e=%lf,e转化为double类型参与运算。\n",d/e);
    printf("第三步：10+'a'=%d,'a'转化为int类型参与运算。\n",10+'a');
    printf("第四步：10+'a'+i*f=%lf,int转化为doube类型参与运算。\n",10+'a'+i*f);
    printf("第五步：10+'a'+i*f-d/e=%lf,float转化为double类型参与运算。\n",10+'a'+i*f-d/e);
}
```

运行结果如图 2.5 所示。

图 2.5　运行结果

2. 强制类型转换

强制类型转换是通过类型转换运算来实现的。其一般形式为：

(类型说明符)（表达式）

其功能是把表达式的运算结果强制转换成类型说明符所表示的类型，例如如下示例。

(double)a：将变量 a 强制转换为 double 类型。

(int)(x+y)：将 x+y 的值强制转换为 int 类型。

(float)(5%3)：将 5%3 的值强制转换为 float 类型。

(float)x/y：将 x 强制转换成 float 类型后，再与 y 进行除法运算。

❏　表达式应该用括号括起来。

❏　进行强制类型转换时，得到的是一个所需类型的中间变量，原来变量的类型并未发生改变。

【例 2.8】　强制类型转换应用举例。

代码清单2.8：

```
#include "stdio.h"
main()
{
    float f=9.8;
    printf("(int)f=%d,f=%f\n",(int)f,f);
}
```

运行结果：输出"(int)f=9,f=9.8"。

本例题表明，f虽然强制转为int型，但只在运算中起作用，是临时的中间变量，而f本身的类型并未改变。因此，(int)f的值为9（截去了小数部分），而f的值仍为9.8。

2.4 运算符与表达式

狭义的运算符是表示各种运算的符号。使用运算符将常量、变量、函数连接起来，构成表达式。C语言运算符丰富，范围很宽，把除了控制语句和输入/输出以外的几乎所有基本操作都作为运算符处理，具体分类如表2.4所示。

表2.4 运算符分类表

名称	运算符
算术运算符	+、-、*、/、%
关系运算符	>、>=、==、!=、<、<=
位运算符	>>、<<、~、&、|、^
逻辑运算符	!、||、&&
条件运算符	?:
指针运算符	&、*
赋值运算符	=
逗号运算符	,
字节运算符	sizeof
强制运算符	(类型名)(表达式)

在C语言的运算符中，所有单目运算符、条件运算符、赋值运算符及其扩展运算符结合方向都是从右向左，其余运算符的结合方向是从左到右。各类运算符优先级的比较：单目运算符>算术运算符>关系运算符>逻辑运算符（不包括!）>条件运算符>赋值运算符>逗号运算符。

本节介绍算术运算符与算术表达式、逗号运算符与逗号表达式、赋值运算符与赋值表达式，其他相关内容会在后面章节中陆续介绍。

2.4.1 算术运算符与算术表达式

算术运算符包括基本算术运算符和自增自减运算符，其中基本算术运算符经常简称为算术运算符。

V2-5 算术运算符
与表达式

1. 基本算术运算符

（1）加法运算符"+"，或称为正值运算符，如2+9=11，+6。

（2）减法运算符"-"，或称为负值运算符，如9-5=4，-5。

（3）乘法运算符 "*"，如 4*8=32。

（4）除法运算符 "/"，如 7/2=3，两个整数相除结果为整数，舍去小数，只取商。

（5）求模运算符 "%"，或称求余运算符，要求两侧均为整数，如 9%2=1。

（6）优先级别：() > *、/、% > +、-。

【例 2.9】 算术运算符应用举例。

代码清单 2.9：

```
#include "stdio.h"
main()
{
    printf("%d,%d\n",3+2,3-2);
    printf("%d,%d,%f\n",3*2,3/2,3.0/2);
    printf("%d\n",3%2);
}
```

运行结果：输出

```
5,1
6,1,1.500000
1
```

本例题中，3.0/2 结果等于 1.500000，是因为 3.0 是实型，所以结果一定为实型。

2. 自增自减运算符

（1）作用：自增运算使单个变量的值增 1，自减运算使单个变量的值减 1。

（2）用法与运算规则：自增、自减运算符都有如下两种用法。

❏ 前置运算——运算符放在变量之前，如 ++a、--a，先使变量的值增（或减）1，然后以变化后的值参与其他运算，即先增减、后运算。

❏ 后置运算——运算符放在变量之后，如 a++、a--，变量先参与其他运算，再使变量的值增（或减）1，即先运算、后增减。

【例 2.10】 自增自减运算符应用举例。

代码清单 2.10：

```
#include "stdio.h"
main()
{
    int i=3,j;
    j=i++;                          //j的值为3，然后i为4
    printf("i=%d,j=%d\n",i++,j);    //打印出i为4、j为3，然后i为5
    j=++i;                          //j的值为6，i也为6
    printf("i=%d,j=%d\n",++i,j);    //打印出i为7、j为6，然后i为7
    j=--i;                          //j的值为6，i也为6
    printf("i=%d,j=%d\n",i--,j);    //打印出i为6、j为6，然后i为5
    j=i--;                          //j的值为5，然后i为4
    printf("i=%d,j=%d\n",--i,j);    //打印出i为3、j为5，然后i为3
}
```

运行结果：输出

```
i=4,j=3
i=7,j=6
i=6,j=6
i=3,j=5
```

- ++和--只能用于变量，而不能用于常量或表达式。如"(i+j)++"或"5--"是不合法的。
- ++和--的结合方向是"自右至左"。如 i=4，则"-i--"相当于"-(i--)"，结果为-4，而 i 的值为 3。
- 在较复杂的表达式中，运算符的组合原则是尽可能多地自左而右将若干个字符组成一个运算符。如"a+++b"等价于"(a++)+b"，而不是"a+(++b)"。
- ++和--常用于循环语句中，使循环控制变量加或减 1；还用于指针变量中，使指针上移或下移一个位置。

3. 算术表达式

算术表达式是用算术运算符和括号将运算对象（也称操作数）连接起来的、符合 C 语法规则的式子，其中运算对象可以是常量、变量、函数等。

例如"a*b/c-1.5+'a'"是一个合法的算术表达式。

（1）C 语言算术表达式的书写形式与数学表达式的书写形式有一定的区别，具体如下所述。

- C 语言算术表达式的乘号（*）不能省略。例如数学式 b^2-4ac，相应的 C 表达式应该写成 b*b-4*a*c。
- C 语言表达式中只能出现字符集允许的字符。例如：数学 πr^2 相应的 C 表达式应该写成 PI*r*r（其中 PI 是已经定义的符号常量，#define PI 3.14）。
- C 语言算术表达式不允许有分子分母的形式。例如"(a+b)/(c+d)"不等于"a+b/c+d"。
- C 语言算术表达式只使用圆括号改变运算的优先顺序，不能用{}[]。可以使用多层圆括号，此时左右括号必须配对，运算时从内层括号开始，由内向外依次计算表达式的值。

（2）C 语言规定了进行表达式求值过程中，各运算符的"优先级"和"结合性"，如下所述。

- C 语言规定了运算符的"优先级"和"结合性"。在表达式求值时，先按运算符的"优先级"高低次序执行，如表达式"a-b*c"等价于"a-(b*c)"。
- 如果在一个运算对象两侧的运算符优先级相同，则按规定的"结合方向"运算，如表达式"a-b+c"结合性为"自左向右"，所以等价于"(a-b)+c"。
- 对于复杂表达式，为了清晰起见可以加圆括号"()"强制规定计算顺序。

2.4.2 赋值运算符与赋值表达式

V2-6 赋值运算符
与表达式

1. 赋值运算符

符号"="为赋值运算符，作用是将其右边表达式的值赋给其左边的变量。

例如，语句"x=12;"的作用是执行一次赋值操作，将 12 赋给变量 x；语句"a=5+x;"的作用是将表达式"5+x"的值赋给变量 a。

在赋值运算符"="的左边只能是变量，而不能是常量或表达式，如不能写成"2=x;"或"x+y=a+b;"。

2. 复合赋值运算符

在赋值运算符"="之前加上其他二目运算符，可构成复合赋值运算符，如+=、-=、*=、/=、

%=、<<=、>>=、&=、^=及|=。

构成复合赋值表达式的一般形式为

变量 复合赋值运算符 表达式

它等效于

变量=变量 运算符 表达式

例如，"a+=5"等价于"a=a+5"，"x*=y+7"等价于"x=x*(y+7)"，"r%=p"等价于"r=r%p"，复合赋值运算符的这种写法，对初学者可能不习惯，但十分有利于编译处理，能提高编译效率，并产生质量较高的目标代码。

3. 赋值表达式

由赋值运算符组成的表达式称为赋值表达式，一般形式为

变量=表达式

例如：

"x=5"赋值表达式的值为5，x的值也为5。

"x=7%2+(y=5)"赋值表达式的值为6，x的值也为6，y的值为5。

"a=(b=6)"或"a=b=6"赋值表达式的值为6，a、b的值均为6。

"a+=a*(a=5)"相当于"a=5+5*5"，赋值表达式的值为30，a的值最终也是30。

赋值表达式的功能是计算表达式的值再赋予左边的变量。赋值运算符具有右结合性，因此"a=b=c=5"可理解为"a=(b=(c=5))"。

- ❑ 赋值表达式加上一个分号则可构成赋值语句，即"变量=表达式;"。
- ❑ 赋值语句不是赋值表达式，表达式可以用在其他语句或表达式中，而赋值语句只能作为一个单独的语句使用。
- ❑ C语言规定，可以在定义变量的同时给变量赋值，也叫变量初始化。例如"int x=5"。
- ❑ 赋值运算时，当赋值运算符两边数据类型不同时，将由系统自动进行类型转换，转换原则是先将赋值号右边的表达式类型转换为左边变量的类型，然后赋值。

【例2.11】 赋值语句应用举例。

代码清单2.11：

```
#include "stdio.h"
main()
{
  int a;
  a=34.567;
  printf("a=%d\n",a);
}
```

程序运行结果：输出"a=34"，自动将小数部分截去，转化为整型后输出。

2.4.3 逗号运算符与逗号表达式

C语言提供了一种逗号运算符","，又称顺序求值运算符，连接起来的式子称为逗号表达式，一般形式为

V2-7 逗号运算符
与表达式

表达式 1，表达式 2，…，表达式 n

说明

❏ 逗号表达式的求解过程为先求解表达式 1，再求解表达式 2，依此类推，结合性自左向右。

❏ 表达式 n 的值就是整个逗号表达式的值。

❏ 逗号运算符的优先级是所有运算符中最低的。

【例 2.12】 逗号表达式应用举例。

代码清单 2.12：

```c
#include "stdio.h"
main()
{
    int a=1,b=2,c=3,x,y;
    y=(x=a+b,b+c,x+c);
    printf("x=%d,y=%d\n",x,y);
}
```

运行结果：输出 "x=3,y=6"。程序先求 "x=a+b"，再求 "b+c"，最后求 "x+c"，故整个逗号表达式的值为 6。

2.5 常见编译错误与解决方法

本章程序设计过程中常见的错误、警告及解决方法举例如下。

1. 将默认为双精度的实型常量赋值给单精度变量

代码清单 2.13：

```c
#include "stdio.h"
#define PI 3.14
main()
{
    float r,area;
    r=1.5;
    area=PI*r*r;
    printf("area=%f\n",area);
}
```

警告显示：

```
warning C4244: '=' : conversion from 'double ' to 'float '
```

解决方法：1.5 默认为是双精度常量，程序不需要修改也可以执行。如果将 float 修改为 double，将%f 修改为%lf，就不会有警告了。

2. 实型数据参与了%（求余）运算

代码清单 2.14：

```c
#include "stdio.h"
main()
{
```

```
    printf("%d\n",3%2.0);
}
```

错误显示：

```
error C2297: '%' : illegal, right operand has type 'const double '
```

解决方法：只有整数才能参加%（求余）运算，所以应将 2.0 修改为 2。

3. 两个变量定义的时候，同时赋初值

代码清单 2.15：

```
#include "stdio.h"
main()
{
    int x=y=2,z;
    z=x+y;
    printf("x+y=%d\n",z);
}
```

错误显示：

```
error C2065: 'y' : undeclared identifier
```

解决方法：为变量 x 和 y 单独定义单独赋初值，将"int x=y=2,z;"修改为"int x=2,y=2,z;"。

4. 将带双引号的字符串赋值给了字符变量

代码清单 2.16：

```
#include "stdio.h"
main()
{
    char ch;
    ch="A";
    printf("%c的ASCII值为:%d\n",ch,ch);
}
```

警告显示：

```
warning C4047: '=' : 'char ' differs in levels of indirection from 'char [2]'
```

解决方法：将字符串"A"修改为字符' A '。

5. 两个变量进行乘法运算时，忘记书写乘号"*"

代码清单 2.17：

```
//已知长方形的长和宽，求面积
#include "stdio.h"
main()
{
    double l=2,w=3,s;
    s=lw;
    printf("s=%lf\n",s);
}
```

错误显示：

```
error C2065: 'lw' : undeclared identifier
```

解决方法：C 语言中乘法的符号不能省略，应将"s=lw;"修改为"s=l*w;"。

实例分析与实现

1. 实例分析

先定义多个整型变量，分别存储 C 语言、数学、英语、图像处理和数据库课程成绩；再定义多个单精度实型变量，分别存储德育积分、文化积分和综合积分，因为这 3 个数据可能为小数；然后对变量进行赋值运算；最后利用公式输出相应结果。具体算法如下。

① 定义 5 个整型变量，用于存储 5 门课程成绩；

② 定义 3 个单精度实型变量，用于存储德育积分、文化积分和综合积分。

③ 对各门课程成绩和德育积分变量进行赋值。

④ 利用公式计算德育积分、文化积分和综合积分。

⑤ 输出德育积分、文化积分和综合积分的结果。

2. 项目代码

代码清单 2.18：

```
#include "stdio.h"
main()
{
    int c;          //C语言成绩
    int math;       //数学成绩
    int english;    //英语成绩
    int ps;         //图像处理成绩
    int dbase;      //数据库成绩
    float aver;     //文化积分
    float moral;    //德育积分
    float total;    //综合积分
    c=90;
    math=88;
    english=85;
    ps=92;
    dbase=95;
    moral=91;
    printf("C语言成绩:%d,数学成绩:%d,英语成绩:%d\n,图像处理成绩:%d,数据库成绩:%d\n",c,
math, english,ps,dbase);
    aver=(c+math+english+ps+dbase)/5.0;
    printf("文化积分:%f\n",aver);
    printf("德育积分:%f\n",moral);
    total=aver*0.7+moral*0.3;
    printf("综合积分:%f\n",total);
}
```

进阶案例——计算银行存款利息

1. 案例介绍

客户选择银行定期存款，主要考虑存款利率，利率越高，利息就越多，假设银行三年存期的年利率为 3.88%，那么根据公式"利息=存款额×利率×3 年"，可以计算存款到期后应该得到的利息。例如存款额为 10000 元，利息为 1164 元；存款额为 22800 元，利息就为 2653.92 元，如图 2.6 所示。

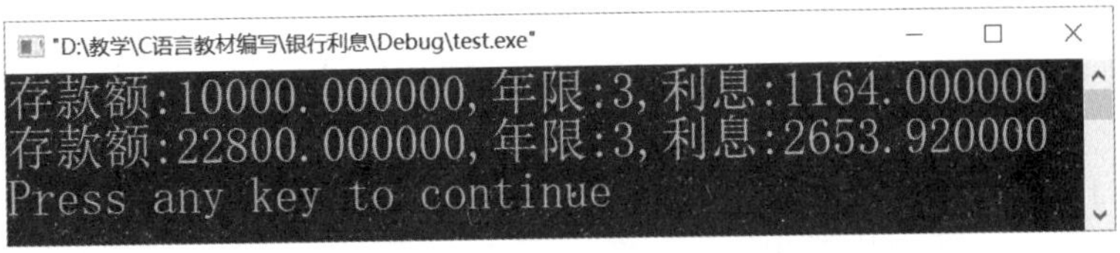

图 2.6　实例运行结果

2．案例分析

首先进行符号常量定义，利率固定值为 3.88，如果利率发生变化，仅仅需要修改宏定义中的利率，主函数中的代码不需要修改；再在主函数中定义 3 个变量，用于存储存款额、年限和利息；然后对存款额、年限进行赋值；最后利用计算公式求出利息额，公式中乘以 0.01，因为实际利率为 3.88%。具体算法如下。

① 定义符号常量，用一个字符代替利率。
② 定义 3 个变量，用于存储存款额、年限和利息。
③ 对存款额、年限进行赋值。
④ 利用计算公式求出利息额。
⑤ 输出存款额、年限和利息额。

3．项目代码

代码清单 2.19：

```
#include "stdio.h"
#define L 3.88          //利率
main()
{
    float dep;          //存款额
    int year;           //年限
    float inter;        //利息
    dep=10000;
    year=3;
    inter=dep*L*0.01*year;     //计算利息
    printf("存款额:%f,年限:%d,利息:%f\n",dep,year,inter);
    dep=22800;
    inter=dep*L*0.01*year;     //计算利息
    printf("存款额:%f,年限:%d,利息:%f\n",dep,year,inter);
}
```

同步训练

一、选择题

1．(　　) 是 C 语言提供的合法的数据类型关键字。

　　A．Float　　　　　B．signed　　　　　C．integer　　　　　D．Char

2. 以下标识符不是关键字的是（　　　）。

　　A. break　　　　　B. char　　　　　　C. Switch　　　　D. return

3. 在以下各组标识符中，合法的标识符是（　　　）。

　　A. B01　　　　　　B. table_1　　　　　C. 0_t　　　　　　D. k%
　　　 Int　　　　　　　 t*.1　　　　　　　 W10　　　　　　　 point

4. 若有以下定义：

　　char a;　　int b;

　　float c;　　double d;

　　则 C 语言表达式"a*b+d-c"值的类型是（　　　）。

　　A. float　　　　　B. int　　　　　　　C. char　　　　　D. double

5. 以下所列的 C 语言常量中，错误的是（　　　）。

　　A. 0xFF　　　　　B. 1.2e0.5　　　　　C. 2L　　　　　　D. '\72'

6. 假定 x 和 y 为 double 型，则 C 语言表达式"x=2,y=x+3/2"的值是（　　　）。

　　A. 3.500000　　　B. 3　　　　　　　C. 2.000000　　　D. 3.000000

7. 若有以下定义和语句：

```
int  u=010, v=0x10, w=10;
printf("%d,%d,%d\n",u,v,w);
```

　　那么输出结果是（　　　）。

　　A. 8,16,10　　　B. 10,10,10　　　　C. 8,8,10　　　　D. 8,10,10

8. 若有以下定义和语句：

```
int  y=10;
y+=y-=y-y;
```

　　则 y 的值是（　　　）。

　　A. 10　　　　　　B. 20　　　　　　　C. 30　　　　　　D. 40

9. 设"float m=4.0,n=4.0;"，使 m 为 10.0 的 C 语言表达式是（　　　）。

　　A. m+=n+2　　　B. m-=n*2.5　　　　C. m*=n-6　　　　D. m/=n+9

10. 下面程序的运行结果是（　　　）。

```
main ()
{ int x=3,y=3,z=1;
   printf("%d %d\n",(++x,y++),z+2);
}
```

　　A. 3 4　　　　　B. 4 2　　　　　　　C. 4 3　　　　　　D. 3 3

11. 设变量 n 为 float 型，m 为 int 类型，则以下能实现将 n 中的数值保留小数点后两位，第三位进行四舍五入运算的 C 语言表达式是（　　　）。

　　A. n=(n*100+0.5)/100.0　　　　　　B. m=n*100+0.5,n=m/100.0

　　C. n=n*100+0.5/100.0　　　　　　　D. n=(n/100+0.5)*100.0

二、填空题

1. 在 C 语言中，要求参加运算的数必须是整数的运算符是_____。

2. 与代数式 $\dfrac{x \times y}{u \times v}$ 等价的 C 语言表达式是_____。

3. C 语言的标识符只能由大小写字母、数字或者下画线 3 种字符组成，而且第一个字符必须为＿＿＿＿＿。

4. 字符常量使用一对＿＿＿＿＿界定单个字符，而字符串常量使用一对＿＿＿＿＿来界定若干个字符的序列。

5. 设 x,i,j,k 都是 int 型变量，C 语言表达式 x=(i=4,j=16,k=32)计算后，x 的值为＿＿＿＿＿。

6. 设 x=2.5,a=7,y=4.7，则 C 语言表达式"x+a%3*(int)(x+y)%2/4"的值为＿＿＿＿＿。

7. 设 a=2,b=3,x=3.5,y=2.5，则 C 语言表达式"(float)(a+b)/2+(int)x%(int)y"的值为＿＿＿＿＿。

8. 定义"int m=5,n=3;"，则 C 语言表达式"m/=n+4"的值是＿＿＿＿＿，C 语言表达式"m=(m=1,n=2,n-m)"的值是＿＿＿＿＿，C 语言表达式"m+=m- = (m=1)*(n=2)"的值是＿＿＿＿＿。

三、程序设计题

1. 编程实现，已知购买商品的价格（price）和数量（num），求应付款，其中 price 为 double 类型，num 为 int 类型。

2. 编程实现，已知"int x=10,y=12;"，写出将 x 和 y 的值互相交换的 C 语言表达式。

3. 编程实现，假设 m 是一个两位数，输出将 m 的个位、十位反序而成的两位数（例如 12 反序为 21）。

技能训练

C 语言的数据类型及运算

第二篇
程序设计结构

第3章
算法与流程图

学习目标

- 掌握算法的基本概念及主要特征。
- 掌握利用流程图描述算法的方法。
- 掌握C语言程序设计的3种结构。

实例描述——坐标点的象限判断

平面直角坐标系里的横轴和纵轴所划分的 4 个区域，为 4 个象限。象限以原点为中心，*X*，*Y* 轴为分界线，原点右上为第一象限，左上为第二象限，左下为第三象限，右下为第四象限，象限划分如图 3.1 所示。坐标轴上的点不属于任何象限。请画出判断一个坐标点属于哪个象限的算法流程图。

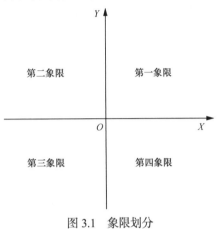

图 3.1　象限划分

知识储备

前面的章节介绍了 C 语言的基本语法知识，仅仅依靠这些语法知识还不能编写出相对完整的程序。通常，一个程序包含算法、数据结构、程序设计方法、语言工具及环境几个方面，其中算法是核心，算法就是解决"做什么"和"如何做"的问题。算法可以通过流程图的方式表示。本章将针对算法的定义及特征、流程图表示法、程序设计的三种结构等内容进行讲解。

3.1　算法的定义及特征

著名的瑞士计算机科学家尼古拉斯·沃斯（Nikiklaus Wirth）教授曾提出：算法+数据结构=程序。对数据的描述，在程序中要指定数据的类型和数据的组织形式，即数据结构（data structure）。对操作的描述，即操作步骤，也就是算法（algorithm）。本课程的目的是让学生掌握如何编写一个 C 程序，进行程序编写的初步训练，因此，这里只介绍算法的初步知识。

V3-1　算法的定义

3.1.1　算法的定义

现实生活中解决问题时，一般都要制定一个针对具体问题的步骤和方法，以此为据去实现目标。为了解决问题所制定的步骤、方法可称为算法（Algorithm）。

【例 3.1】 描述计算下面的分段函数的算法。

$$y = \begin{cases} 2x-1, & x>0; \\ 0, & x=0; \\ 3x+1, & x<0 \end{cases}$$

算法描述如下。

① 输入 x 的值。

② 判断 x 是否大于 0，若大于 0，则 $y=2x-1$，然后转第⑤步；否则进行第③步。

③ 判断 x 是否等于 0，若等于 0，则 $y=0$，然后转第⑤步；否则进行第④步。

④ y 为 $3x+1$（因为②、③步条件不成立，则肯定第④步条件成立）。

⑤ 输出 y 的值后结束。

【例 3.2】 描述从 3 个数 A、B、C 中找出最大的数的算法。

算法描述如下。

① 初始化 max=A。

② 如果 max>B，执行③；否则 max=B，执行③。

③ 如果 max>C，执行④；否则 max=C，执行④。

④ 输出 max。

现实生活中有些算法能在计算机上实现，有些算法则无法在计算机上实现，本书所提到的算法都是指能在计算机中实现的算法。

3.1.2　算法的特征

算法具有如下一些基本特征。

（1）有穷性。算法中所包含的步骤必须是有限的，不能无穷无止，应该在一个人所能接受的合理时间段内产生结果。

（2）确定性。算法中的每一步所要实现的目标必须是明确无误的，不能有二义性。

（3）有效性。算法中的每一步如果被执行了，就必须被有效地执行。例如，有一步是计算 X 除以 Y 的结果，如果 Y 值非 0，则这一步可有效执行；但如果 Y 值为 0，则这一步就无法得到有效执行。

（4）有零或多个输入。根据算法的不同，有的在实现过程中需要输入一些原始数据，而有些算法可能不需要输入原始数据。

（5）有一个或多个输出。设计算法的最终目的是为了解决问题，为此，每个算法至少应有一个输出结果来反应问题的最终结果。

3.2　流程图

掌握了算法的描述及特征之后，为了进行 C 语言的程序设计，还应掌握如何表示算法。用流程图表示算法，直观形象，易于理解，本书仅介绍流程图表示法。

1. 流程图常用的图框符号

流程图常用的图框符号如图 3.2 所示。

2. 流程图表示法

流程图相对于自然语言来说更直观形象、易于理解、简洁直观，一个流程图包括以下几部分。

（1）表示相应操作的框。

（2）带箭头的流程线。

（3）框内外必要的文字说明。

对【例 3.1】的算法用流程图进行表示的结果如图 3.3 所示。

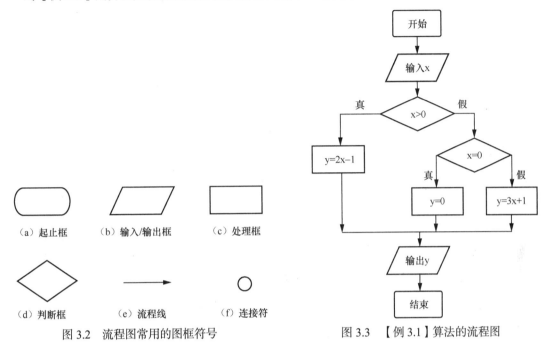

图 3.2　流程图常用的图框符号

图 3.3　【例 3.1】算法的流程图

3.3　程序设计结构

1. 顺序结构

顺序结构流程图如图 3.4 所示。

执行过程：先执行 A，再执行 B。

【例 3.3】　求 x 的绝对值，请画出该算法的流程图。

结果如图 3.5 所示。

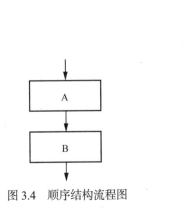

图 3.4　顺序结构流程图

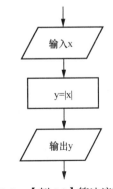

图 3.5　【例 3.3】算法流程图

V3-2　顺序结构流程图

有的算法流程图需要输入和输出，有的算法流程图不需要输入。

2. 选择结构

选择结构流程图如图 3.6 所示。

执行过程：先判断条件，如果条件成立，执行 A，否则执行 B。

V3-3 选择结构流程图

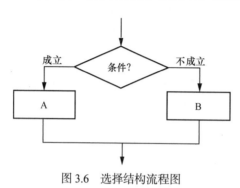

图 3.6 选择结构流程图

V3-4 循环结构流程图

3. 循环结构

循环结构流程图如图 3.7 所示。

执行过程：先判断条件，如果条件成立，执行 A，再循环判断条件，否则跳出循环。

【例 3.4】 某学生在操场上跑步，一共要跑四圈，每一圈都要跨过障碍，请画出该算法的流程图。

结果如图 3.8 所示。

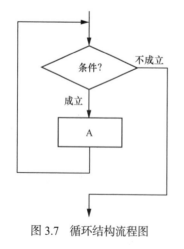

图 3.7 循环结构流程图

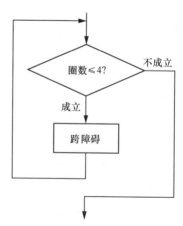

图 3.8 【例 3.4】算法流程图

实例分析与实现

1. 实例分析

首先画出起止框表示算法开始，按照流程线顺序画出输入框表示输入横坐标和纵坐标；然后画出判断框表示判断横坐标大小，如果横坐标大于零，再画出判断框表示判断纵坐标大小，如果纵坐标也大于零，画出输出框表示属于第一象限；如果纵坐标小于零，画出输出框表示属于第四象限。如果横坐标小于零，再画出判断框表示判断纵坐标大小，如果纵坐标大于零，画出输出框表示属于第二象限；如果纵坐标也小于零，那么画出输出框表示属于第三象限。最后画出起止框表示算法结束。

2. 案例流程图

案例流程图，如图 3.9 所示。

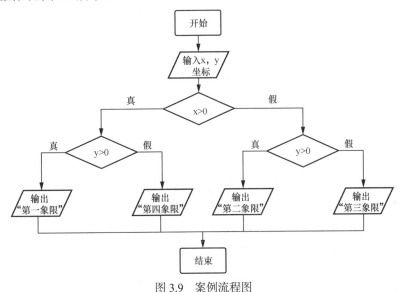

图 3.9　案例流程图

进阶案例——坚持多天多圈跑步

1. 案例介绍

某位同学热爱运动，每天坚持跑步，假设每周坚持跑 7 天，每天跑 5 圈，请利用 C 语言中所学的流程图符号，画出这位同学这一周跑步过程的流程图。

2. 案例分析

首先画出起止框表示算法开始，然后按照流程图顺序画出判断框表示判断天数是否小于等于 7 天。如果天数小于等于 7 天，再画出判断框表示判断圈数是否小于等于 5 圈，如果小于等于 5 圈，画出处理框表示跑步，跑步后循环判断圈数是否小于等于 5 圈，如果小于等于 5 圈，继续跑步；如果大于 5 圈，循环停止。再循环判断天数是否小于等于 7 天，如果天数小于等于 7 天，再判断圈数是否小于等于 5 圈，如果小于等于5圈，继续内循环跑步，只有天数大于7天，才停止外循环。最后画出起止框表示算法结束。

3. 案例流程图

案例流程图，如图3.10所示。

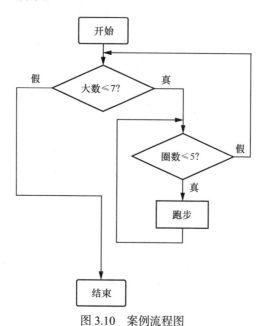

图 3.10 案例流程图

同步训练

一、选择题

1. 以下不属于算法基本特征的是（   ）。
   A. 有穷性   B. 有效性   C. 可靠性   D. 有一个或多个输出
2. 算法设计包括（   ）3种结构。
   A. 顺序结构、逻辑结构、选择结构   B. 顺序结构、选择结构、循环结构
   C. 逻辑结构、层次结构、网状结构   D. 层次结构、顺序结构、循环结构

二、填空题

1. 在程序设计中，将解决问题确定的方法和有限的步骤称为_____。
2. 算法的_____特征是指一个算法必须在执行有限个操作步骤后终止。
3. 在流程图符号中，判断框中应该填写的是_____。

三、简答题

1. 简述一个算法应该具有的基本特征。
2. 用流程图表示判断闰年的算法。
3. 用流程图表示将1到100之间能用3或5整除的数打印出来的算法。
4. 用流程图表示求一元二次方程 $ax^2+bx+c=0$ 的根的算法。

第4章

顺序结构程序设计

学习目标

■ 掌握C语言中具体算法设计和语句编写方法。

■ 掌握格式化输入函数scanf与输出函数printf的用法。

■ 掌握字符输入函数getchar与输出函数putchar的用法。

■ 掌握顺序结构程序设计中常见的编译错误与解决方法。

实例描述——各类数据输出格式控制

在 C 语言程序中，不同类型的变量有不同的取值范围，在输出时会显示不同的有效数位，本实例要求变量初始化格式为"a=3,b=4,c=5,x=9.6,y=6.0,z=−14.6, c1='A',c2='B'"。请编写程序（包括定义变量和设计输出），实现如图 4.1 所示的输出。

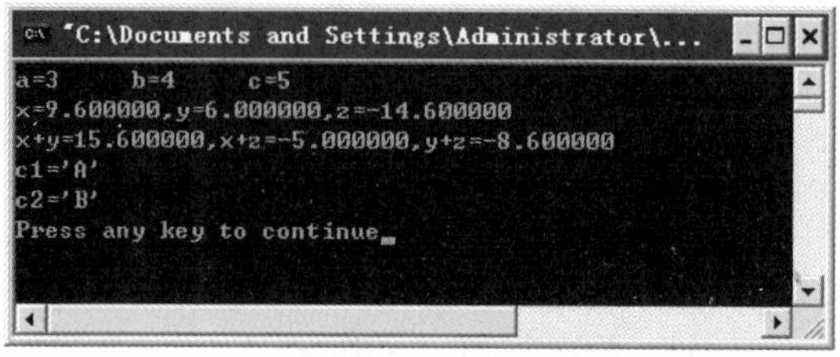

图 4.1　实例运行结果

知识储备

前面章节讲解的程序是从上到下逐条执行的，这种程序结构称为顺序结构。C 语言的语句是用来向计算机系统发出操作指令的。当要求程序按照要求执行时，先要通过向程序输入数据的方式给程序发送指示。当程序解决了一个问题之后，还要通过输出的方式将计算结果显示出来，以便验证结果，前面章节中，输出结果时，用到最多的就是 printf 函数。本章将针对常用的输入输出函数进行详细的讲解。

4.1　简单语句分析

V4-1　简单语句分析

这里将介绍具体的算法设计，并且通过英文的表示方法，将它转化为 C 语言语句。

1. 具体算法设计实例介绍

假设有一杯白酒和一杯啤酒，如何将两杯酒进行交换？首先进行具体的算法设计，具体操作过程如图 4.2 所示。

算法设计如下。
① 取一个空杯。
② 将白酒杯中的白酒倒入空杯。
③ 将啤酒杯中的啤酒倒入白酒杯。
④ 将空杯中的白酒倒入啤酒杯。

2. 语句编写方法

假设变量 a 的值为 2，b 的值为 3，如何将 a 和 b 的值进行交换？根据上面具体算法设计实例，可以将变量 a 等同于白酒杯，变量 b 等同于啤酒杯，具体操作过程如图 4.3 所示。

算法设计如下。
① 定义 3 个变量 a、b 和 t。
② 将 2 赋值给 a 中，3 赋值给 b 中。

图 4.2　两杯酒交换操作示意图

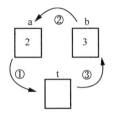

图 4.3　两个变量交换值操作示意图

③ 将 a 的值赋值给 t 中。

④ 将 b 的值赋值给 a 中。

⑤ 将 t 的值赋值给 b 中。

⑥ 输出 a 和 b 的值。

算法设计后，将算法每一个步骤依次转化为 C 语句。

① int a,b,t;

② a=2;b=3;　　//多条语句可以写在同一行

③ t=a;

④ a=b;

⑤ b=t;

⑥ printf("a=%d,b=%d\n",a,b);

代码清单 4.1：

```
#include "stdio.h"
main()
{
    int a,b,t;        //定义变量
    a=2; b=3;         //2赋值给a, 3赋值给b
    t=a;              //a赋值给t
    a=b;              //b赋值给a
    b=t;              //t赋值给b
    printf("a=%d,b=%d\n",a,b);   //输出a和b的值
}
```

程序运行后，结果：输出 "a=3,b=2"。

4.2　格式化输入与输出

　　C 语言本身不提供输入/输出语句，输入和输出操作是由函数来实现的，例如 scanf 和 printf 函数，这些函数的有关信息都存在 stdio.h 标准的输入/输出头文件中，所以在使用前必须在程序的头部使用命令 "#include "stdio.h"" 或者 "#include <stdio.h>"。

V4-2　格式化
输入函数

4.2.1　scanf 函数

1. 函数格式

scanf(格式控制字符串,变量地址列表);

2. 函数功能

通过标准输入设备（键盘、写字板等），按照格式控制字符串中的格式要求为变量地址列表中的变量输入数据。

【例4.1】 假设代码清单4.1中要求变量 a 和 b 的值任意输入，怎么做？

将语句"a=2;b=3;"修改为"scanf("%d%d",&a,&b);"就可以了，例如程序运行后输入4_5↙，结果如图4.4所示。

3. 格式控制字符串

格式控制字符串是用双引号括起来的字符串，只包括格式转换说明符，功能描述如表4.1所示。

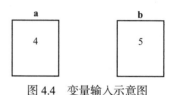

图 4.4　变量输入示意图

表 4.1　scanf 函数格式转换说明符

格式转换说明符	功能描述
%d	输入一个十进制整数
%f	输入一个单精度实数
%lf	输入一个双精度实数
%c	输入一个字符
%s	输入一个字符串
%o	输入一个八进制整数
%x	输入一个十六进制整数
%*	表示本输入项只是读入，不赋给相应变量

4. 变量地址列表

变量地址列表由输入项组成，两个输入项之间用逗号分隔。输入项一般由地址符&和变量名组成，即"&变量名"。

5. 其他说明

（1）格式控制字符串中多个格式转换说明符之间默认没有逗号，输入数据时，通常使用空格键或者Enter键来分隔数据；如果格式转换说明符之间有逗号，输入数据时，一定也要用逗号来分隔数据。

【例4.2】

```
scanf("%d%d",&a,&b);
```
程序运行后,输入"4_5↙"或"4↙5↙"都可以。

```
scanf("%d,%d",&a,&b);
```
程序运行后输入"4,5↙"才可以。

（2）格式转换说明符的个数和类型必须与变量地址列表一一对应，对应变量按照格式输入。

【例4.3】

```
int a,b,c;
scanf("%d%d",&a,&b,&c);
```

其中有两个格式转换说明符、3 个变量，表示方法错误。

【例 4.4】

```
int a,b;
scanf("%d%f",&a,&b);
```

其中格式转换说明符 %f 表示输入单精度实数，而对应的输入项是 &b，表示方法错误。

（3）应用 *（抑制字符）可以表示本输入项只是读入，不赋给相应变量。

【例 4.5】

```
int a,b;
scanf("%d%*d%d",&a,&b);
```

程序运行后输入数据"123 45 678↙"，则 123 赋给变量 a，45 受到 %*d 控制，不赋给任何变量，678 赋给变量 b。

V4-3　格式化输出
函数

4.2.2　printf 函数

1．函数格式

```
printf(格式控制字符串,输出列表);
```

2．函数功能

将输出列表中各个表达式的值按照格式控制字符串中对应的格式输出到标准输出设备（如显示屏）。

3．格式控制字符串

格式控制字符串是用双引号括起来的字符串，包括格式转换说明符、转义字符和普通字符 3 种形式。转换说明符具体功能描述如表 4.2 所示。

表 4.2　printf 函数格式转换说明符

格式转换说明符	功能描述
%d	输出一个十进制整数
%f	输出一个单精度实数
%lf	输出一个双精度实数
%e 或 %E	按指数格式输出一个实数
%c	输出一个字符
%s	输出一个字符串
%o	输出一个八进制整数
%x	输出一个十六进制整数

4．输出列表

输出列表由输出项组成，两个输出项之间用逗号分隔，输出项可以是一般的表达式，也可以是简单变量。

5．其他说明

（1）格式转换说明符的个数和类型必须与输出列表一一对应，对应输出项按照格式输出。

【例 4.6】

```
int  a=2,b=3;
printf("%d%d%d", a, b);
```

其中 3 个格式转换说明符，两个变量，表示方法错误。

（2）格式控制字符串中可以有转义字符和普通字符，转义字符根据具体作用实现操作，普通字符原样输出。

【例 4.7】

```
int  a=2,b=3;
printf("a=%d\tb=%d ", a, b); //转义字符\t表示跳到下一个输出区
```

程序运行后输出 "a=2   b=3"。

（3）利用修饰符 m（正整数）可以指定输出项所占的宽度，当指定宽度小于实际宽度时，按实际宽度输出；当指定宽度大于实际宽度时，在前面用空格补足。

【例 4.8】

```
int  a=123,b=12345;
printf("%4d,%4d\n",a,b);
```

程序运行后输出 "␣123,12345"。

（4）利用修饰符.n（正整数）可以指定输出的实型数据的小数位数（四舍五入），系统默认小数位数为 6。

【例 4.9】

```
float x=123.44;
printf("%.1f,%.2f,%.6f\n",x,x,x);
```

程序运行后输出 "123.4,123.44,123.440002"。

（5）利用修饰符 0（数字）可以指定数字前的空格用 0 填补。

【例 4.10】

```
int  a=123;
printf("%04d\n",a) ;
```

程序运行后输出 "0123"。

（6）利用修饰符-可以指定输出项的对齐方式，表示左对齐。

【例 4.11】

```
int  a=123;
printf("%-4d\n",a) ;
```

程序运行后输出 "123␣"。

4.3 字符输入与输出

前面介绍了 scanf 函数和 printf 函数，stdio.h 标准的输入/输出头文件中还包含了 getchar 和 putchar 函数，主要解决字符的输入和输出。

4.3.1　getchar 函数

1. 函数格式

```
getchar( );
```

2. 函数功能

getchar 函数的功能是从标准输入设备输入一个字符。

3. 说明

（1）该函数没有参数，函数的返回值是从输入设备得到的字符。

（2）从键盘上输入数据按 Enter 键结束，数据被送入缓冲区，该函数从缓冲区中读入一个字符赋给字符变量。

【例 4.12】

```
char ch;
ch=getchar();
printf("ch=%c\n",ch);
```

程序运行后输入"'Y'↙"，结果为"ch=Y"。

（3）该函数也可以接收回车符。

【例 4.13】

```
char ch1,ch2;
ch1=getchar();
ch2=getchar();
printf("ch1=%c,ch2=%c\n",ch1,ch2);
```

程序运行后输入"'X'↙"，结果为"ch1=X,ch2=↙"。如果要让变量 ch2 不读取↙，可在"ch1=getchar();"语句下一行加上语句"getchar();"用于接收↙，但不赋值给任何变量，程序运行后再输入字符"'X'↙'Y'↙"，结果为"ch1=X,ch2=Y"。

4.3.2　putchar 函数

1. 函数格式

```
putchar(ch);
```

ch 可以是一个字符型常量、变量，或者是一个不大于 255 的整型常量或变量，也可以是一个转义字符。

2. 函数功能

putchar 函数的功能是向标准输出设备输出一个字符。

3. 说明

（1）可以输出字符型变量

【例 4.14】

```
char ch='Y';
```

```
putchar(ch);
```
程序运行后结果为 "Y"。

（2）可以输出字符型或者整型常量

【例 4.15】

```
putchar('I');
putchar(70);
```
程序运行后结果为 "IF"，因为 F 的 ASCII 值为 70。

（3）可以输出转义字符

【例 4.16】

```
putchar('\n');
putchar('\007');
```
转义字符'\n'代表换行，'\007'代表输出响铃。

4.4 常见编译错误与解决方法

顺序结构程序设计过程中常见的错误、警告及解决方法举例如下。

1. scanf 语句输入数据时，变量前没有加 "&"

代码清单 4.2：

```
#include "stdio.h"
main()
{
  int x;
  scanf("%d",x);
  printf("%d\n",x);
}
```
警告显示：

```
warning C4700: local variable 'x' used without having been initialized
```
解决方法：在 scant 语句中的变量 x 前加上 "&"。

2. putchar 函数没有字符变量或者字符常量参数

代码清单 4.3：

```
#include "stdio.h"
main()
{
  char ch;
  ch=getchar();
  putchar();
}
```
警告显示：

```
warning C4003: not enough actual parameters for macro 'putchar'
```
解决方法：在 putchar 函数形参中加入要输出的字符变量或者字符常量。

3. getchar 函数中加入了参数

代码清单 4.4：

```
#include "stdio.h"
main()
{
    char ch;
    getchar(ch);
    putchar(ch);
}
```

警告显示：

```
warning C4002: too many actual parameters for macro 'getchar'
```

解决方法：去除 getchar 函数形参中的字符变量或者字符常量。

4. printf 函数少写一个字母 f，写成了 print

代码清单 4.5：

```
#include "stdio.h"
main()
{
    int x;
    scanf("%d",&x);
    print("%d\n",x);
}
```

警告显示：

```
warning C4013: 'print' undefined; assuming extern returning int
```

解决方法：在 print 后面加上字母 f，修改为 printf。

实例分析与实现

思政案例：
实验安全

1. 实例分析

其中数据 a=3、b=4、c=5 采用整型类型输出，格式转换说明符为%d，数据之间利用\t 进行分隔，在说明符前面分别加上 a=、b=和 c=，输出时会原样输出；数据 x=9.600000、y=6.000000、z=−14.600000 采用单精度实型类型输出，格式转换说明符为%f，数据之间利用逗号进行分隔，在说明符前面分别加上 x=、y=和 z=，输出时会原样输出；数据 x+y=15.600000、x+z=−5.000000、y+z=−8.600000 采用单精度实型类型输出，格式转换说明符为%f，数据之间利用逗号进行分隔，在说明符前面分别加上 x+y=、x+z=和 y+z=，输出时会原样输出；数据 c1='A' 和 c2='B'采用字符型类型输出，格式转换说明符为%c，在说明符前面分别加上 c1=和 c2=，输出时会原样输出，在说明符前后分别加上\'，输出时会显示'。

具体算法如下。

① 根据输出效果，定义 8 个不同类型的变量并初始化。

② 用格式转换说明符%d 输出整型数据。

③ 用格式转换说明符%f 输出实型数据。

④ 用格式转换说明符%f 输出实型求和数据。

⑤ 用格式转换说明符%c 输出字符型数据。

2. 项目代码

代码清单 4.6:

```
#include "stdio.h"
main()
 {
  int a=3,b=4,c=5;                              //整型变量定义及初始化
  float x=9.6,y=6.0,z=-14.6;                    //实型变量定义及初始化
  char c1='A',c2='B';                           //字符型变量定义及初始化
  printf(a=%d\tb=%d\tc=%d\n",a,b,c);            //按照要求输出整型数据
  printf("x=%f,y=%f,z=%f\n",x,y,z);             //按照要求输出实型数据
  printf("x+y=%f,x+z=%f,y+z=%f\n",x+y,x+z,y+z); //按照要求输出实型求和数据
  printf("c1=\'%c\'\n",c1,c1);                  //按照要求输出字符型数据
  printf("c2=\'%c\'\n",c2,c2);                  //按照要求输出字符型数据
 }
```

3. 案例拓展

根据如图 4.5 所示输出结果的变化 n=12345678、c1='A' or 65<ASCII>和 c2='B' or 66<ASCII>，还需进一步完善程序设计。

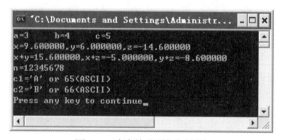

图 4.5　案例拓展输出结果

进阶案例——百位数分裂

1. 案例介绍

任意输入一个百位数，分别输出个位、十位和百位的值。例如输入一个百位数 315，运行结果输出"个位数：5，十位数：1，百位数：3"，如图 4.6 所示。

2. 案例分析

首先考虑百位数 315 得到个位数的方法，315%10=5；然后考虑得到十位数的方法，

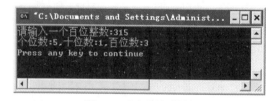

图 4.6　实例运行结果

315/10%10=1 或者 315%100/10=1；最后考虑得到百位数的方法，315/100=3。也就是说，任意一个百位数，得到个位数的方法就是除 10 取余数，得到十位数的方法就是整除 10 再除 10 取余数或者除 100 取余数再整除 10，得到百位数的方法就是整除 100。具体算法如下。

① 定义 4 个整型变量，分别用于存储输入的数值、百位数、十位数、个位数。

② 利用 scanf 函数输入一个 3 位数。

③ 利用整除和取余方法得到各个位上的数字。

④ 输出个位数、十位数和百位数。

3. 项目代码

代码清单 4.7：

```
#include "stdio.h"
main()
{
  int m,ge,shi,bai;                          //定义变量
  printf("请输入一个百位整数:");
  scanf("%d",&m);                            //输入一个百位数m
  ge=m%10;                                   //求个位数
  shi=m/10%10;                               //求十位数
  bai=m/100;                                 //求百位数
  printf("个位数:%d,十位数:%d,百位数:%d\n",ge,shi,bai);   //输出结果
}
```

4. 案例拓展

任意输入一个千位数，分别输出个位、十位、百位和千位的值。例如输入一个千位数 2019，输出"个位数：9，十位数：1，百位数：0，千位数：2"。

同步训练

一、选择题

1. 以下程序输出结果为（　　）。
```
main()
{   int a=2,b=5;
    printf("a=%d,b=%d",a,b);
}
```
A. a=%2,b=%5　　　　B. a=2,b=5　　　　C. a=d,b=d　　　　D. a=%d,b=%d

2. 以下程序输出结果为（　　）。
```
main()
{ int i=2,j=3;
    printf("i=%%d,j=%%%d",i,j);
}
```
A. 2,3　　　　　　　　B. i=%d,j=%d　　　C. i=%d,j=%2　　D. i=2,j=3

3. 以下程序输出结果为（　　）。
```
main()
```

```
{ char c1=97,c2=98;
    printf("%d  %c",c1,c2) ;
}
```
A. 97 98　　　　　　　B. 97   b　　　C. a 98　　　　　D. a b

4. 下面程序的运行结果为（　　）。
```
y=5;x=14;y=((x=3*y,x+6),x-1);
printf("x=%d,y=%d",x,y);
```
A. x=27,y=27　　　　　B. x=12,y=13　　C. x=15,y=14　　D. x=y=27

5. 以下叙述正确的是（　　）。
　　A. getchar 函数用于输入一个字符串
　　B. getchar 函数用于输入一个字符
　　C. putchar 函数用于输入一个字符
　　D. putchar 函数用于输出一个字符串

6. 有下列程序：
```
main()
{
    int m,n,p;
    scanf("m=%dn=%dp=%d",&m,&n,&p);
    printf("%d%d%d",m,n,p);
}
```
若想从键盘上输入数据，使变量 m 的值为 1，n 的值为 2，p 的值为 3，则正确的 C 语言代码是（　　）。
　　A. m=1n=2p=3　　　　　　　　　　B. m=1 n=2 p=3
　　C. m=1,n=2,p=3　　　　　　　　　　D. 1 2 3

二、填空题

1. 假设 a 为 float 类型变量，输出宽度为 6，保留 2 位小数，正确的 printf 函数语句是_____。

2. 执行下列语句后，a 的值是_____。
```
int a=12;a+=a-=a*a;
```

3. C 语言的字符输出函数是_____。

4. 如下程序，输入商品数量和价格，求应付款，将程序补充完整。
```
main()
{
    int num;
    float price,money;
    scanf("%d",&num);
    _____;
    money=price*num;
    printf("money=%.2f",_____);
}
```

5. 如下程序，任意输入两个整数 a 和 b，并进行交换，将程序补充完整。
```
main()
{
    int a,b,t;
```

```
        _____;
    t=a;
        _____;
    b=t;
    printf("a=%d,b=%d",a,b);
}
```

三、程序设计题

1. 从键盘上任意输入圆的半径，编程实现输出圆的周长和面积。

2. 从键盘上任意输入一个 3 位整数，编程实现将它反向输出。例如输入 256，则输出为 652。

3. 用 getchar 函数输入 3 个字符，编程实现用 printf 函数按输入次序输出这 3 个字符，并输出这 3 个字符的 ASCII 码值，最后用 putchar 函数按与输入字符相反的次序输出这 3 个字符。

4. 从键盘上任意输入一个大写字母，编程实现将大写字母转化为小写字母后输出。

技能训练

顺序结构程序设计

第5章

选择结构程序设计

学习目标

- 掌握关系运算符和关系表达式的设计方法。
- 掌握逻辑运算符和逻辑表达式的设计方法。
- 掌握if语句的3种基本形式和使用方法。
- 掌握switch语句的使用方法。
- 掌握选择结构程序设计的方法。
- 掌握选择结构程序设计中常见的编译错误与解决方法。

实例描述——健康状况检查系统设计

现代社会，每个人都比较注重健康，有这样一个健康状况检查系统，通过输入人的身高、体重和超脂肪率，根据公式计算：标准体重=（身高-150）×0.6+48 公斤，再根据公式计算：超重率=（实际体重-标准体重）/标准体重。显示结果：超重率<10%属于正常体重，10%≤超重率<20%属于体重超重，20%≤超重率<30%且脂肪率>30%属于轻度肥胖症，30%≤超重率<50%且 35%<脂肪率≤45%属于中度肥胖症，超重率≥50%且脂肪率>45%属于重度肥胖症，运行结果示例如图 5.1 所示。

图 5.1　实例运行结果

知识储备

在日常生活中，每个人都会遇到一些需要选择的问题，并需要对这些问题做出判断，例如：在高中时对文理科的选择，在大学毕业时对就业岗位的选择，在过马路的时候对红绿灯的选择。C 语言提供了"分支结构"来支持对这类判断性问题的处理。选择结构语句分为 if 条件语句和 switch 条件语句，本章将针对这两种条件语句进行详细讲解。

5.1　条件判断表达式设计

在对分支结构进行设计时，需要判断相应条件是否成立，程序中的这些条件统称为条件判断表达式，关于 C 语言程序，这里重点介绍关系表达式设计方法和逻辑表达式设计方法。

5.1.1　关系表达式设计

1. 关系运算符

C 语言中提供了如图 5.2 所示的 6 种关系运算符。

（1）前 4 种关系运算符的优先级相同，后两种相同，但前 4 种高于后两种运算符。例如，>优先于==，<=与>=优先级相同。

（2）关系运算符的优先级低于算术运算符。

（3）关系运算符的优先级高于赋值运算符。

例如表达式"c>a+b"应该先算"a+b"，然后再和 c 进行比较。表达式"a=b>c"，应该先将 b 和 c 进行比较，然后再将结果赋值给 a。

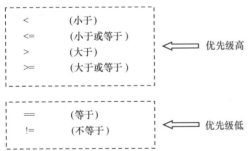

图 5.2　关系运算符

2. 关系表达式

用关系运算符将两个表达式（可以是算术表达式、关系表达式、逻辑表达式、赋值表达式等）连接起来的式子，称为关系表达式。关系表达式的值有 1 和 0 两个，当关系表达式成立时，其值为 1；当关系表达式不成立时，其值为 0。C 语言中以 1 代表"真"，以 0 代表"假"。

【例5.1】已知a=1，b=2，c=3，则关系表达式"a>b"的结果为假，值为 0；关系表达式"a+b==c"的结果为真，值为 1。

【例5.2】 判断整型变量 n 为偶数，怎么书写关系表达式？

解：能被 2 整除的数据称为偶数，所以关系表达式可以写成"n%2==0"。

【例5.3】 判断成绩变量 score 为及格，怎么书写关系表达式？

解：成绩大于等于 60 分称为考试及格，那么关系表达式可以写成"score>=60"。

5.1.2 逻辑表达式设计

V5-2 逻辑运算符
与表达式

1. 逻辑运算符

逻辑运算符包括&&（逻辑与）、||（逻辑或）、!（逻辑非），其中，&&和||是双目运算符，要求有两个运算量，且结合方向为左结合，如"a>b&&a<c"；"!"是单目运算符，它只要求有一个运算量，且结合方向为右结合，如!a。

如图 5.3 所示，!的优先级高于算术运算符，&&和||的优先级都低于算术运算符和关系运算符，高于赋值运算符，同时&&优先级又高于||，按照运算符的优先顺序可以得出：

图 5.3 优先级关系图

"a>b && c>d" 等价于 "(a>b)&&(c>d)"；

"!b==c||d<a"等价于"((!b)==c)||(d<a)"；

"a+b>c&&x+y<b"等价于"((a+b)>c)&&((x+y)<b)"；

"a=b+c>x+y"等价于"a=((b+c)>(x+y))"。

当两个表达式 a 和 b 的值为不同组合时，各逻辑运算会得到相对应的值，表 5.1 所示为逻辑运算的真值表。

表 5.1 逻辑运算真值表

A	B	A&&B	A||B	!A
0	0	0	0	1
0	非0	0	1	1
非0	0	0	1	0
非0	非0	1	1	0

2. 逻辑表达式

用逻辑运算符将两个表达式连接起来的式子称为逻辑表达式。C 语言编译系统在给出逻辑运算结果时，以数字 1 表示"真"，以数字 0 表示"假"，所以在判断一个量是否为真时，以 0 表示假，非 0 表示真。逻辑表达式分为逻辑与表达式、逻辑或表达式和逻辑非表达式。

（1）逻辑与表达式

设 A、B 是两个 C 语言表达式，如果一个 C 语言表达式通过运算符的优先级和结合方向最终可归结为 A&&B 的形式，则称这个表达式为逻辑与表达式，简称与表达式。

计算过程：计算与表达式 A&&B，先计算 A 的值，当 A 的值为 0 时，不再计算 B（此时说明与表达式的值一定为 0）；当 A 为非 0 时，再计算 B。例如表达式"5>0 && 4>2"，由于 5>0 为真，4>2 也为真，表达式的结果也为真。

（2）逻辑或表达式

设 A、B 是两个 C 语言表达式，如果一个 C 语言表达式通过运算符的优先级和结合方向最终可归结为 A||B 的形式，则称这个表达式为逻辑或表达式，简称或表达式。

计算过程：计算或表达式 A||B，先计算 A，当 A 值为非 0 时，不再计算 B（此时说明或表达式的值一定为 1）；当 A 的值为 0 时，再计算 B。例如表达式"5>0||5>8"，由于 5>0 为真，不用再计算 5>8 的结果，表达式的结果也就为真。

（3）逻辑非表达式

设 A 是一个 C 语言表达式，如果某个 C 语言表达式通过运算符的优先级和结合方向最终可归结为!A 的形式，则称这个表达式为逻辑非表达式，简称非表达式。

计算过程：计算或表达式!A，先计算 A，然后取反。例如表达式"!(5>0)"，由于 5>0 为真，然后取反变为假，表达式的结果也就为假。

（4）说明

在逻辑表达式的求解过程中，并不是所有逻辑运算符都被执行，例如以下示例。

① C 语言表达式"a&&b&&c"求解过程中，只有 a 为真时，才需要求 b 的值；只有 a 和 b 都为真时，才需要求 c 的值；只要 a 为假，就不需要求 b 和 c 的值，整个表达式的值一定为假；如果 a 为真，b 为假，就不需要求 c 的值，整个表达式的值也一定为假。

② 表达式"a||b||c"求解过程中，只要 a 为真，就不需要求 b 和 c 的值，整个表达式的值一定为真；如果 a 为假，b 为真，也不需要求 c 的值，整个表达式的值也一定为真。

【例 5.4】 设 a=10，b=11，c=12，求下列 C 语言表达式的值。

① a%2==0&&c%2==0。

② a+b<c&&b+c>a。

③ a&&b||c。

④ b+c||b-c||a。

⑤ ! (a>b)&&!c||a>c。

 说明 本题目首先应该了解运算符的优先级，逻辑运算(!)>算术运算>关系运算>逻辑运算(&&和||)，然后依次求表达式的结果。

第①个表达式首先求"a%2==0"为真，再求"c%2==0"也为真，所以整个表达式结果为真。

第②个表达式先求"a+b<c"为假，因为&&运算，不用再求"b+c>a"，整个表达式结果为假。

第③个表达式先求 a 为真，再求 b 为真，&&运算结果为真，后面是||运算，不用再求 c，整个表达式结果为真。

第④个表达式先求"b+c"为真，都是||运算，不用再求"b-c"和 a，整个表达式结果为真。

第⑤表达式先求"! (a>b)"为真，再求"!c"为假，&&运算结果为假，最后求"a>c"为假，整个表达式结果为假。

【例 5.5】已知 3 条边长分别为 a、b、c，要满足构成一个三角形，怎么书写 C 语言关系表达式？

解：三角形任意两条边之和大于第三条边，关系表达式可以写成"a+b>c&&a+c>b&&b+c>a"。

【例 5.6】 判断某一年变量 year 为闰年，怎么书写 C 语言关系表达式？

解：年份数值能被 4 整除，但不能被 100 整除称为闰年；或者能被 400 整除也称为闰年，关系表达式可以写成"year%4==0&&year%100!=0||year%400==0"。

5.2 单分支结构

V5-3 单分支选择结构

日常生活中经常会遇到单一判断情况，例如电影院检票、判断考试及格、判断偶数和判断闰年问题。C 语言中，采用 if 语句实现这种单分支结构。

1. if 语句的格式

```
if（表达式）语句；
```

2. 执行描述

表达式可以是任意表达式，语句可以是一条语句或者复合语句。执行过程中，先判断表达式是否为真，如果为真，执行语句；如果为假，跳过语句执行后面的程序。

if 语句比较适用于条件是范围的情况。

3. if 语句流程图

if 语句流程图如图 5.4 所示。

图 5.4 if 语句流程图

【例 5.7】 编程实现，输入 C 语言课程的成绩，如果大于等于 60 分，则输出"C 语言成绩及格！"。

算法设计如下。
① 定义一个成绩变量。

② 输入 C 语言成绩。

③ 如果成绩大于等于 60 分，则输出"C 语言成绩及格！"。

程序流程图如图 5.5 所示。

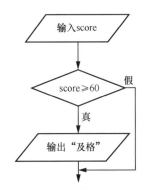

图 5.5 【例 5.7】程序流程图

代码清单 5.1：

```
#include "stdio.h"
main()
{
    int score;
    scanf("%d",&score);
    if(score>=60)
        printf("C语言成绩及格!\n");
}
```

运行结果：输入 90↙，输出"C 语言成绩及格！"。

【例 5.8】 编程实现，输入两个整数，将这两个数按照从小到大的顺序输出。

算法设计如下。

① 定义 3 个变量，其中一个用于交换。

② 输入两个整数。

③ 如果第一个数大于第二个数，则交换。

④ 输出两个整数。

程序流程图如图 5.6 所示。

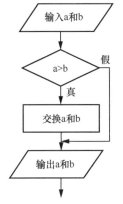

图 5.6 【例 5.8】程序流程图

代码清单 5.2：

```
#include "stdio.h"
main()
{
    int a,b,t;
    scanf("%d%d",&a,&b);
    if(a>b)
    {
        t=a;a=b;b=t;
    }
    printf("%d %d\n",a,b);
}
```

运行结果：输入 3␣2↙，输出 "2 3"。

【例 5.9】 编程实现，输入 3 个整数，寻找最大值并输出。

算法设计如下。

① 定义 4 个变量 a、b、c、max。

② 输入 3 个整数。

③ 假设 a 为最大值。

④ 如果 b 大于最大值，则 b 为最大值。

⑤ 如果 c 大于最大值，则 c 为最大值。

⑥ 输出最大值。

程序流程图如图 5.7 所示。

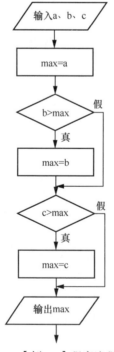

图 5.7 【例 5.9】程序流程图

代码清单 5.3：

```
#include "stdio.h"
```

```
main()
{
    int a,b,c,max;
    scanf("%d%d%d",&a,&b,&c);
    max=a;
    if(b>max)
        max=b;
    if(c>max)
        max=c;
    printf("max=%d\n",max);
}
```

运行结果：输入 1␣3␣2↙，输出 "max=3"。

V5-4 双分支选择
结构

5.3 双分支结构

日常生活中也经常会遇到两种选择的情况，例如判断考试是否及格，判断奇偶数，判断账号密码是否正确。C 语言中，采用 if…else 语句实现双分支结构实现这种判断效果。

1. if…else 语句的格式

```
if（表达式）
    语句1;
else
    语句2;
```

2. 执行描述

其中表达式可以是任意表达式，语句 1 和语句 2 可以是一条语句，也可以是复合语句。执行过程中，先判断表达式是否为真，如果为真，执行语句 1；如果为假，执行语句 2。语句 1 和语句 2 只能执行其中一个。

3. if…else 语句流程图

if…else 语句流程图如图 5.8 所示。

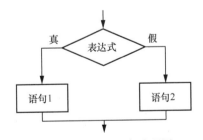

图 5.8　if…else 语句流程图

【例 5.10】 编程实现，输入一个整数，判断其是奇数还是偶数。

算法设计如下。
① 定义一个整型变量。

② 输入一个整数。

③ 如果该整数除 2 取余等于 0，则判定该数是偶数，否则判定该数是奇数。

程序流程图如图 5.9 所示。

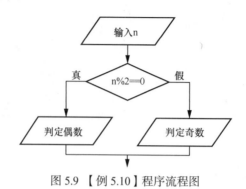

图 5.9 【例 5.10】程序流程图

代码清单 5.4：

```c
#include "stdio.h"
main()
{
    int n;
    scanf("%d",&n);
    if(n%2==0)
        printf("该数是偶数!\n");
    else
        printf("该数是奇数!\n");
}
```

运行结果：输入 8✓，则输出 "该数是偶数!"；输入 5✓，则输出 "该数是奇数!"。

【例 5.11】 编程实现，输入一个密码，判断密码是否正确。

算法设计如下。

① 定义一个整型变量。

② 输入一个密码。

③ 如果该密码等于设定密码，则输出 "密码正确，登录成功!"，否则输出 "密码错误，无法登录!"。

程序流程图如图 5.10 所示。

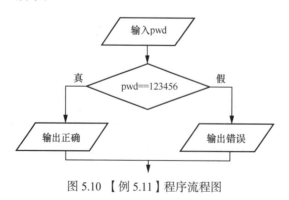

图 5.10 【例 5.11】程序流程图

代码清单 5.5：

```
#include "stdio.h"
main()
{
    int pwd;
    scanf("%d",&pwd);
    if(pwd==123456)
        printf("密码正确，登录成功!\n");
    else
        printf("密码错误，无法登录!\n");
}
```

运行结果：输入 123456↙，则输出"密码正确，登录成功!"；输入 112233↙，则输出"密码错误，无法登录!"。

5.4　多分支结构

单分支和双分支结构只能解决表示一种或者两种选择的情况，而实际生活中还经常会遇到多种选择的情况，例如商场多种商品不同折扣、提款机界面上的多个选项。C 语言中，采用 if...else if 语句、if...else 嵌套、switch 语句来实现多分支结构。

V5-5　if多分支选
择结构

5.4.1　if...else if 语句

1. if...else if 语句的格式

```
if(表达式1)
    语句1;
else if(表达式2)
    语句2;

    …
else if(表达式n)
    语句n;
else
    语句n+1;
```

2. 执行描述

其中表达式可以是任意表达式，语句可以是一条语句，也可以是复合语句。执行过程中，先判断表达式 1，如果为真，执行语句 1；否则判断表达式 2，如果为真，执行语句 2；……否则判断表达式 n，如果为真，执行语句 n；否则执行语句 n+1。语句 1、语句 2……语句 n 和语句 n+1 只能执行其中一个。

3. if...else if 语句流程图

if...else if 语句流程图如图 5.11 所示。

【例 5.12】编程实现，输入顾客购买商品的消费总额，输出顾客实际付款金额，某商场打折活动，具体细则如下。

（1）购买商品总额超过 10000 元（含 10000 元），打 5 折。

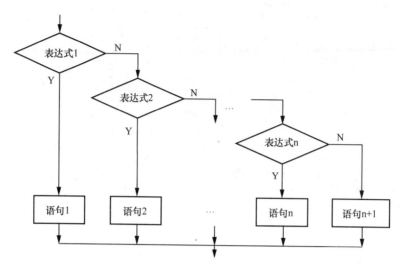

图 5.11　if…else if 语句流程图

（2）购买商品总额超过 8000 元（含 8000 元），打 6 折。

（3）购买商品总额超过 5000 元（含 5000 元），打 7 折。

（4）购买商品总额超过 3000 元（含 3000 元），打 8 折。

（5）购买商品总额超过 1000 元（含 1000 元），打 9 折。

（6）购买商品总额小于 1000 元不打折。

算法设计如下。

① 定义两个实型变量。

② 输入顾客购买商品的消费总额。

③ 利用多分支结构判断条件表达式，执行相应语句。

④ 输出顾客的实际付款金额。

程序流程图如图 5.12 所示。

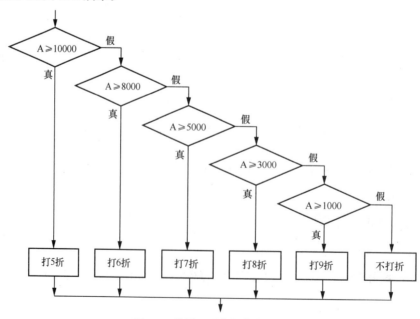

图 5.12　【例 5.12】程序流程图

代码清单 5.6:

```
#include "stdio.h"
main()
{
    float Amount,ActualAmount;
    printf("请输入顾客购买商品的消费总额:");
    scanf("%f",&Amount);
    if(Amount>=10000)
        ActualAmount=Amount*0.5;
    else if(Amount>=8000)
        ActualAmount=Amount*0.6;
    else if(Amount>=5000)
        ActualAmount=Amount*0.7;
    else if(Amount>=3000)
        ActualAmount=Amount*0.8;
    else if(Amount>=1000)
        ActualAmount=Amount*0.9;
    else
        ActualAmount=Amount;
    printf("顾客实际付款金额:%f元\n",ActualAmount);
}
```

运行结果如图 5.13 所示。

图 5.13 【例 5.12】输出结果图

V5-6 if 语句嵌套
结构

5.4.2 if...else 嵌套

1. if...else 嵌套语句的格式

```
if(表达式1)
    if(表达式2)
        语句1;
    else
        语句2;
else
    if(表达式3)
        语句3;
    else
        语句4;
```

2. 执行描述

在 C 语言中允许使用 if...else 嵌套实现多分支选择结构,也就是在 if 或者 else 子句中包含 if... else 语句的情况。其中表达式可以是任意表达式,语句可以是一条语句,也可以是复合语句。执行过程中,如果表达式 1 为真,继续判断表达式 2,如果为真,执行语句 1;如果表达式 1 为真,表达式 2 为假，那么执行语句 2；如果表达式 1 为假，继续判断表达式 3，如果为真，那么执行语句 3；如果表达式 1 为假，表达式 3 为假，执行语句 4。

【例 5.13】 编程实现，输入一个点的 x 和 y 坐标，输出该点属于哪个象限。

算法设计如下。

① 定义两个整型变量。

② 输入两个整数。

③ 利用 if...else 嵌套语句判断横坐标和纵坐标的大小。

④ 输出象限。

代码清单 5.7：

```c
#include "stdio.h"
main()
{
    int x,y;
    printf("请输入横坐标和纵坐标:");
    scanf("%d%d",&x,&y);
    if(x>0)
        if(y>0)
            printf("该点属于第一象限!\n");
        else
            printf("该点属于第四象限!\n");
    else
        if(y>0)
            printf("该点属于第二象限!\n");
        else
            printf("该点属于第三象限!\n");
}
```

运行结果如图 5.14 所示。

图 5.14 【例 5.13】运行结果

V5-7 switch 多分支选择结构

5.4.3 switch 语句

1. switch 语句的格式

```
switch(表达式)
{
  case  常量表达式1:语句体1;[break;]
  case  常量表达式2:语句体2;[break;]
        …
  case  常量表达式n:语句体n;[break;]
  default 语句体n+1;
}
```

2. 执行描述

先计算表达式的值，然后依次与每一个 case 中的常量表达式的值进行比较，若有相等的，则从该 case 开始依次往下执行；若没有相等的，则从 default 开始往下执行。若 switch 语句中没有 default，则跳出 swtich 语句，执行 swtich 语句之后的程序。执行过程中遇到 break 语句就跳出该 switch 语句，否则一直按顺序继续执行下去，也就是会执行其他 case 后面的语句，直到遇到 "}" 符号才停止。

swtich 语句比较适用于条件是固定值的情况。

3. switch 语句流程图

switch 语句流程图如图 5.15 所示。

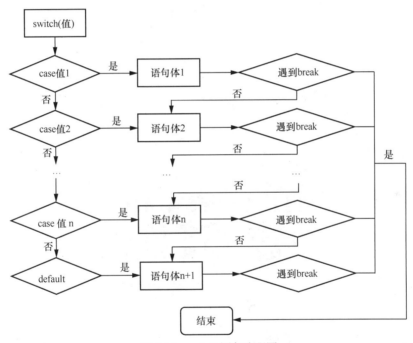

图 5.15　switch 语句流程图

【例 5.14】编程实现，输入考试成绩，其中 90~100 分属于 A 级别，80~89 分属于 B 级别，70~79 分属于 C 级别，60~69 分属于 D 级别，低于 60 分属于 E 级别，将成绩转化为相应五级制级别并输出。

算法设计如下。
① 定义两个整型变量和一个字符型变量。
② 输入考试成绩。
③ 成绩整除 10，将范围缩小。
④ 利用 switch 语句对成绩进行五级制级别转化。
⑤ 输出级别。

代码清单 5.8：

```c
#include "stdio.h"
main()
{
    int score,temp;
    char grade;
    printf("请输入考试成绩:");
    scanf("%d",&score);
    temp=score/10;
    switch(temp)
    {
        case 10:
        case 9:grade='A';break;
        case 8:grade='B';break;
        case 7:grade='C';break;
        case 6:grade='D';break;
        case 5:
        case 4:
        case 3:
        case 2:
        case 1:
        case 0:grade='E';
    }
    printf("五级制级别为:%c\n",grade);
}
```

运行结果如图 5.16 所示。

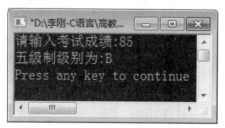

图 5.16 【例 5.14】运行结果图

5.5 常见编译错误与解决方法

选择结构程序设计过程中常见的错误、警告及解决方法举例如下。

1. 将条件中的等于号"＝＝"写成赋值号"＝"

代码清单 5.9：

```c
#include "stdio.h"
main()
{
    int n;
    scanf("%d",&n);
    if(n%2=0)
```

```
        printf("该数是偶数!\n");
    else
        printf("该数是奇数!\n");
}
```

错误显示:

```
error C2106: '=' : left operand must be l-value
```

解决方法:将 "n%2=0" 改为 "n%2==0"。

2. else 缺少对应的 if 语句,应该是成对出现

代码清单 5.10:

```
#include "stdio.h"
main()
{
  int x,y;
  scanf("%d",&x);
  if(x<0)
        y=0;
  else if(x<10)
        y=2+x;
  else (x<20)
        y=3*x;
  else
        y=x;
  printf("%d\n",y);
}
```

错误显示:

```
error C2181: illegal else without matching if
```

解决方法:将 "else (x<20)" 改为 "else if (x<20)",与下一个 else 对应。

3. switch 语句中 case 后面的常量表达式中存在实型常量

代码清单 5.11:

```
#include "stdio.h"
main()
{
    int x;
    scanf("%d",&x);
    switch(x)
    {
        case 10:
        case 9.5:x++;break;
        default:x=5*x;
    }
    printf("x=%d\n",x);
}
```

错误显示:

```
error C2052: 'const double ' : illegal type for case expression
```

解决方法：将 case 后面的 9.5 修改为整型或者字符型。

4．if 语句后面加分号"；"

代码清单 5.12：

```
#include "stdio.h"
main()
{
    int n;
    scanf("%d",&n);
    if(n%2==0);
        printf("该数是偶数!\n");
    else
        printf("该数是奇数!\n");
}
```

错误显示：

```
error C2181: illegal else without matching if
```

解决方法：将语句"if(n%2==0);"后面的分号去掉。

实例分析与实现

1．实例分析

首先，输入某人的身高、体重和超脂肪率，根据公式依次计算标准体重和超重率，然后，利用多分支选择结构和嵌套选择结构判断超重率和脂肪率，并输出该人属于正常体重、体重超重、轻度肥胖症、中度肥胖症还是重度肥胖症。

具体算法如下。

① 定义 5 个实型变量，分别为身高、体重、标准体重、超重率和超脂肪率。
② 利用 scanf 函数输入某人的身高、体重和超脂肪率。
③ 根据实例提供的公式依次计算标准体重和超重率。
④ 利用 if…else if 语句和 if…else 嵌套语句判断超重率和脂肪率大小。
⑤ 输出属于正常体重、体重超重、轻度肥胖症、中度肥胖症等检查结果。

2．项目代码

代码清单 5.13：

```
#include "stdio.h"
main()
{
    //定义变量身高、体重、标准体重、超重率和超脂肪率
    double height,weight,stweight,overweight,fat;
    printf("请输入身高、体重和超脂肪率:");
    scanf("%lf%lf%lf",&height,&weight,&fat);
    stweight=(height-150)*0.6+48;           //计算标准体重
    printf("标准体重为%lf公斤\n",stweight);
    overweight=(weight-stweight)/stweight;   //计算超重率
    printf("超重为%.1lf%%\n",overweight*100);
```

```
if(overweight<0.1)                              //判断超重率<10%
    printf("体重正常!\n");
else if(overweight<0.2)                         //判断10%≤超重率<20%
    printf("体重超重!\n");
else if(overweight<0.3)                         //判断20%≤超重率<30%
{
    if(fat>0.3)                                 //判断超脂肪率>30%
        printf("轻度肥胖症!\n");
}
else if(overweight<0.5)                         //判断超重率30%≤超重率<50%
{
    if(fat>0.35&&fat<=0.45)                     //判断35%<超脂肪率≤45%
        printf("中度肥胖症!\n");
}
else                                            //判断超重率≥50%
{
    if(fat>0.45)                                //判断超脂肪率>45%
        printf("重度肥胖症!\n");
}
}
```

进阶案例——ATM 机操作模拟设计

1. 案例介绍

输入银行卡密码，如果密码正确，则提示选择操作选项，提示按 1 键实现"查询余额"功能，按 2 键实现"取款"功能，按 3 键实现"存款"功能，按 4 键实现"转账"功能，按 5 键实现"打印清单"功能，按 6 键实现"退卡"功能，如图 5.17 所示。如果密码错误则提醒"密码错误!"。

图 5.17 实例运行结果

2. 案例分析

利用 switch 选择结构,有选择地执行相应操作,其中,case 1 分支执行"查询余额"功能, case 2 分支执行"取款"功能, case 3 分支执行"存款"功能, case 4 分支执行"转账"功能, case 5 分支执行"打印清单"功能, case 6 分支执行"退卡"功能, 如果密码错误则提示"密码错误!"。

具体算法如下。

① 定义两个整型变量，分别为密码和选项。

② 利用 scanf 函数输入密码。

③ 利用 if...else 双分支结构判断密码，如果密码正确，则显示 ATM 操作界面，否则提示密码错误。

④ 利用 switch 语句判断选项，选择执行相应的 case 分支后面的操作。

3. 项目代码

代码清单 5.14:

```c
#include "stdio.h"
main()
{
    int pwd,select;                        //定义变量密码和选项
    printf("请输入银行卡密码:");
    scanf("%d",&pwd);                      //输入密码
    if(pwd==123456)                        //判断密码正确
    {
        printf("----------------------------\n");
        printf("   1查询余额          2取款 \n");
        printf("   3存款              4转账 \n");
        printf("   5打印清单          6退卡 \n");
        printf("----------------------------\n");
        printf("请输入操作选项:");
        scanf("%d",&select);               //输入操作选项
        switch(select)                     //判断选项
        {
        case 1:printf("查询余额\n");break;    //寻找case入口
        case 2:printf("取款\n");break;
        case 3:printf("存款\n");break;
        case 4:printf("转账\n");break;
        case 5:printf("打印清单\n");break;
        case 6:printf("退卡\n");break;
        }
    }
    else                                   //判断密码错误
        printf("密码错误!\n");
}
```

同步训练

一、选择题

1. 下列运算符中优先级最高的是（   ）。
   A. || B. ++   C. /   D. !=
2. 以下程序的输出结果是（   ）。

```c
main()
{ int a=8,b=6,m=1;
    switch(a%4)
    {
        case 0:m++;break;
        case 1:m++;
                switch(b%3)
                { default: m++;
                    case 0:m++; break;
```

```
            }
        }
        printf("%d",m);}
```
A. 1　　　　　　B. 2　　　　　　C. 3　　　　　　D. 4

3. 两次运行下面的程序,如果从键盘上分别输入 3 和 2,则输出结果是 (　　　)。

```
main()
{  int x;
   scanf("%d",&x);
   if(x++>2) printf("%d",x);
   else printf("%d",x--);
}
```
A. 4和3　　　　　B. 4和2　　　　　C. 4和1　　　　　D. 3和2

4. 以下程序的运行结果是 (　　　)。

```
main()
{
    int a=-5,b=1,c=1;
    int x=0,y=2,z=0;
    if(c>0)  x=x+y;
    if(a<=0)
      {  if(b>0)
              if(c<=0)  y=x-y;
       }
    else if(c>0)  y=x-y;
    else z=y;
    printf("%d,%d,%d",x,y,z);
}
```
A. 2,2,0　　　　　B. 2,2,2　　　　　C. 0,2,0　　　　　D. 2,0,2

5. 请阅读以下程序。

```
main()
{
    int x=1,y=0,a=0,b=0;
    switch(x)
    {
      case 1:
          switch(y)
          {  case 0:a++; break;
             case 1:b++; break;
          }
      case 2:a++;b++; break;
    }
    printf("a=%d,b=%d",a,b);
}
```

上述程序的输出结果是 (　　　)。

A. a=2,b=1　　　　B. a=1,b=0　　　　C. a=1,b=1　　　　D. a=2,b=2

6. 判断 char 型变量 c1 是否为小写字母的正确表达式为 (　　　)。

A. 'a'<=c1<='z'　　　　　　　　　　B. c1>=a&&c1<=z

C. c1>='a'||c1<='z'　　　　　　　　D. c1>='a'&&c1<='z'

二、填空题

1. 判断一个整数 n 是偶数的 C 语言表达式是_____。

2. 判断一个字符 ch 是数字的 C 语言表达式是_____。

3. 已知 a=3、b=4，则 C 语言表达式"!a+b"的值为_____。

4. 以下输入程序段的功能是输入一个小写字母后，将在 26 英文字母中其后第 5 个字母输出。例如输入 a，输出为 f，输入 w，输出为 b，将程序补充完整。

```
main()
{
    char c;
    c=getchar();
    if(c>='a'&&_____)
        c=c+5;
    else
        _____
    putchar(c);
}
```

5. 以下程序功能是输入 3 个整数，按照从小到大的顺序进行输出，将程序补充完整。

```
main()
{
    int a,b,c,t;
    scanf("%d%d%d",&a,&b,&c);
    if(_____) {t=a;a=b;b=t;}
    if(a>c) {_____}
    if(_____) {t=b;b=c;c=t;}
    printf("%d %d %d",a,b,c);
}
```

三、程序设计题

1. 编程实现，已知三条边分别为 a、b、c，判断是否满足构成一个三角形。

2. 编程实现，判断某一年份是否为闰年？

3. 有一个函数如下。

$$y=\begin{cases} x, & (x<0); \\ 2x-1, & (0\leqslant x<10); \\ 3x-11, & (10\leqslant x<20); \\ 4x+5, & (20\leqslant x<30); \\ 5x-8, & (x\geqslant30) \end{cases}$$

编程实现，输入 x 的值，输出 y 的值。

技能训练

选择结构程序设计

第6章

循环结构程序设计

学习目标

- 掌握while循环语句的格式和使用方法。
- 了解do while循环语句的格式和使用方法。
- 掌握for循环语句的格式和使用方法。
- 掌握break和continue语句的使用方法。
- 掌握循环结构的嵌套使用方法。
- 掌握循环结构程序设计中常见的编译错误与解决方法。

实例描述——小白兔吃萝卜智力问答

编程实现，小白兔喜欢吃萝卜，第一天开始它每天吃掉原有萝卜的一半，再多吃一个，吃到第十天只剩下一个萝卜，求原来有几个萝卜。运行结果如图 6.1 所示。

图 6.1　运行结果

知识储备

日常学习和生活中，人们经常遇到很多有规律的重复性事务，例如班主任每学期统计期末成绩，学生每天做作业，邮递员每天收发邮件。计算机则非常善于处理这样的工作，C 语言提供了 while 语句、do-while 语句和 for 语句实现循环，本章将针对这几种循环语句进行详细讲解。

6.1　while 和 do while 语句

while 和 do while 语句也称为"当"型循环控制语句，直观地根据条件表达式的值决定循环体内语句的执行次数，while 语句是先判断条件后执行循环体，而 do while 语句是先执行循环体后判断条件。

V6-1　while 语句

6.1.1　while 语句

1. while 语句的格式

```
while(表达式)
{
    循环体;
}
```

其中，表达式是循环条件，可以是任意类型的表达式，常用的是关系表达式或逻辑表达式；循环体由一条或者多条语句组成。

2. 执行描述

（1）计算 while 后面的表达值，如果值为真，则执行步骤（2）；否则跳出循环体，继续执行该结构后面的语句。

（2）执行循环体语句。

（3）重复执行步骤（1）。

3. while 语句流程图

while 语句流程图如图 6.2 所示。

4. 说明

（1）循环的结束由 while 后面的表达式控制，循环体中必须有改

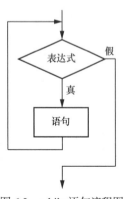

图 6.2　while 语句流程图

变循环控制变量值的语句，使循环倾向于结束；否则会出现死循环，无法结束。

（2）循环体如果有一条以上的语句，应该用大括号括起来，如果只有一条语句，大括号可以省略。

（3）循环四要素包括循环控制变量初始值、循环条件的设置、循环语句的编写和循环控制变量的变化。

【例 6.1】 用 while 语句编写程序，实现求 1～100 的累计和。

算法设计如下。

① 定义两个整型变量。

② 初始化两个变量（循环控制变量初始值）。

③ while 语句（设置循环条件）。

④ 求和（循环体语句的编写）。

⑤ 被加数变化（循环控制变量的变化）。

⑥ 输出总和。

程序流程图如图 6.3 所示。

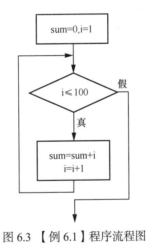

图 6.3 【例 6.1】程序流程图

代码清单 6.1：

```c
#include "stdio.h"
main()
{
    int sum,i;
    sum=0;
    i=1;
    while(i<=100)
    {
        sum=sum+i;
        i++;
    }
    printf("sum=%d\n",sum);
}
```

运行结果："sum=5050"。

6.1.2 do while 语句

V6-2 do while 语句

1. do while 语句的格式

```
do
{
    循环体;
} while(表达式);
```

2. 执行描述

（1）执行循环体语句。

（2）计算 while 后面的表达式值，如果值为真，则重复执行步骤（1），否则跳出循环体，继续执行该结构后面的语句。

3. do while 语句流程图

do while 语句流程图如图 6.4 所示。

【例 6.2】 用 do while 语句编写程序，实现求 1～100 的累计和。

程序流程图如图 6.5 所示。

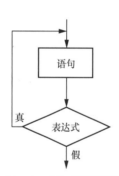

图 6.4 do while 语句流程图

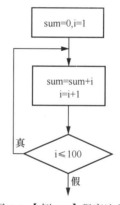

图 6.5 【例 6.2】程序流程图

代码清单 6.2：

```
#include "stdio.h"
main()
{
    int sum,i;
    sum=0;
    i=1;
    do
    {
        sum=sum+i;
        i++;
    }while(i<=100);
    printf("sum=%d\n",sum);
}
```

运行结果："sum=5050"。

【例 6.3】 用 while 语句和 do while 语句有何不同？

代码清单 6.3：

```
main()
{
    int sum,i;
    sum=0;
    scanf("%d",&i);
    while(i<=10)
    {
        sum=sum+i;
        i++;
    }
    printf("sum=%d\n",sum);
}
```

```
main()
{
    int sum,i;
    sum=0;
    scanf("%d",&i);
    do
    {
        sum=sum+i;
        i++;
    }while(i<=10);
    printf("sum=%d\n",sum);
}
```

运行结果：	运行结果：
1✓ sum=55	1✓ sum=55
再一次运行：	再一次运行：
11✓ sum=0	11✓ sum=11

代码清单 6.3 中的两个程序运行结果在输入 i=1 的时候结果相同，因为第一次判断条件表达式符合要求；在输入 i=11 的时候结果不相同，因为第一次判断条件表达式就不符合要求，while 语句没有执行循环体，而 do while 语句至少执行一次循环体。

6.2 for 语句

V6-3 for 语句

C 语言中的 for 语句使用较为灵活，不仅可以用于循环次数已经确定的情况，而且也可以用于循环次数不确定的情况，完全可以代替 while 语句。

1. for 语句的格式

```
for(初始值;条件;增量)
{
    循环体;
}
```

2. 执行描述

（1）计算初始值（只执行一次）。

（2）判断条件，如果值为真，则执行步骤（3）；否则跳出循环体，继续执行该结构后面的语句。

（3）执行循环体语句。

（4）计算增量。

（5）重复执行步骤（2）。

3. for 语句流程图

for 语句流程图如图 6.6 所示。

4. 说明

（1）循环体如果有一条以上的语句，应该用大括号括起来，如果只有一条语句，大括号可以省略。

（2）for 语句中的表达式可以省略任意一个，也可以都省略，但";"不能省略。

【例6.4】 用 for 语句编写程序，实现求1~100 的累计和。

算法设计如下。

① 定义两个整型变量。

② 求和变量初始化。

③ 执行 for 语句（设置初始值、条件和增量）。

④ 求和（循环体语句的编写）。

⑤ 输出总和。

程序流程图如图 6.7 所示。

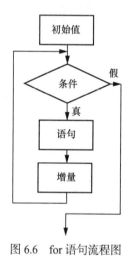

图 6.6　for 语句流程图

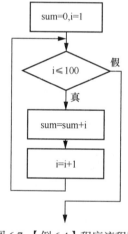

图 6.7　【例 6.4】程序流程图

代码清单 6.4:

```c
#include "stdio.h"
main()
{
    int sum,i;
    sum=0;
    for(i=1;i<=100;i++)
        sum=sum+i;
    printf("sum=%d\n",sum);
}
```

运行结果："sum=5050"。

6.3　break 和 continue 语句

当需要在循环体执行过程中提前跳出循环，或者在满足某种条件时不执行循环体中剩下的语句而从头开始下一轮循环时，就要用到 break 和 continue 语句。

6.3.1 break 语句

V6-4 break 语句

在 switch 语句中，break 语句可以使程序跳出 switch 结构，继续执行 switch 语句后面的语句。除此之外，break 语句还可以用在循环结构中，用来跳出循环体。

1. 格式

```
break;
```

2. 功能

break 语句的功能是使程序运行时中途退出 switch 结构或者一个循环体。

3. 说明

（1）break 语句不能用在除了 switch 语句和循环语句以外的任何其他语句中。

（2）在嵌套循环结构中，break 语句只能退出包含 break 语句的那层循环体。

【例 6.5】 编写程序实现输入一个整数判断此数是否为素数。

算法分析如下。

素数是只能被 1 和它本身整除的数，例如输入整数 7，因为 7%2!=0、7%3!=0、7%4!=0、7%5!=0、7%6!=0，所以 7 是素数。也就是说判断一个整数 m 是不是素数，要看 m 能不能被 2 至 m−1 整除，都不能被整除才说明 m 是素数。

算法设计如下。

① 定义两个整型变量。

② 输入数据。

③ 执行 for 语句（设置初始值、条件和增量）。

④ 循环判断是否能整除。

⑤ 输出结果。

代码清单 6.5:

```
#include "stdio.h"
main()
{
    int i,m;
    printf("请输入一个整数:");
    scanf("%d",&m);
    for(i=2;i<=m-1;i++)
    {
        if(m%i==0)
            break;
    }
    if(i<=m-1)
        printf("该数不是素数!\n");
    else
```

```
        printf("该数是素数!\n");
    }
```

输出结果如图 6.8 所示。

图 6.8 【例 6.5】输出结果

V6-5 continue
语句

6.3.2 continue 语句

1. 格式

```
continue;
```

2. 功能

continue 语句的功能是提前结束本次循环，跳过 continue 语句后面未执行的语句，继续进行下一次循环。

3. 说明

（1）continue 语句通常和 if 语句连用，只能提前结束本次循环，不能使整个循环终止。

（2）continue 语句只对循环起作用。

（3）continue 语句在 for 语句中结束本次循环，但 for 语句中的增量仍然执行。

【例 6.6】 编写程序实现输出 100~200 间不能被 3 整除的数。

算法设计如下。

① 定义一个整型变量。

② 执行 for 语句（设置初始值、条件和增量）。

③ 判断如果能被 3 整除，则 continue，执行下一次循环，否则输出。

代码清单 6.6：

```
#include "stdio.h"
main()
{
    int i;
    for(i=100;i<=200;i++)
    {
        if(i%3==0)
            continue;
        printf("%d ",i);
    }
    printf("\n");
}
```

输出结果如图 6.9 所示。

V6-6 循环嵌套
结构

```
D:\教学\C语言教材编写\代码\第6章\code6_6\Debug\code6_6.exe

100 101 103 104 106 107 109 110 112 113 115 116 118 119 121 122 124 125 127 128
130 131 133 134 136 137 139 140 142 143 145 146 148 149 151 152 154 155 157 158
160 161 163 164 166 167 169 170 172 173 175 176 178 179 181 182 184 185 187 188
190 191 193 194 196 197 199 200
Press any key to continue
```

图 6.9 【例 6.6】输出结果

6.4 循环嵌套

如果一个循环中包含另一个完整的循环结构，则称为循环嵌套。当内嵌的循环中又包含另一个嵌套的循环时，称为多重循环。例如下面 4 种形式都是合法的循环嵌套。

V6-7 for 和 while
语句嵌套结构

V6-8 while 语句嵌
套结构

第1种：
```
for()
{
    for()
    {
        ...
    }
}
```

第2种：
```
for()
{
    while()
    {
        ...
    }
}
```

第3种：
```
while()
{
    while()
    {
        ...
    }
}
```

第4种：
```
while()
{
    for()
    {
        ...
    }
}
```

说明

（1）while 语句和 for 语句可以相互嵌套。

（2）外层循环执行一次，内层循环执行一轮（即执行完自己的循环）。

（3）内层循环控制可以直接引用外层循环的相关变量，但不要轻易改变外层循环控制变量的值。

【例 6.7】 编写程序实现输出如下图形。

```
*
**
***
****
```

算法设计：

① 定义两个整型变量，一个控制行数，另一个控制*的数量。

② 外层循环语句主要控制行的变化。

③ 内层循环语句主要控制输出*的数量。

④ 每输出一行后要换行。

代码清单6.7：

```c
#include "stdio.h"
main()
{
    int i,j;
    for(i=1;i<=4;i++)
    {
        for(j=1;j<=i;j++)
            printf("*");
        printf("\n");
    }
}
```

输出结果如图6.10所示。

思政案例：
大国工匠精神

图6.10 【例6.7】输出结果

6.5 常见编译错误与解决方法

循环结构程序设计过程中常见的错误、警告及解决方法举例如下。

1. do while 语句后面缺少分号 ";"

代码清单6.8：

```c
#include "stdio.h"
main()
{
    int sum,i;
    sum=0;
    i=1;
    do
    {
        sum=sum+i;
        i++;
    }while(i<=100)
    printf("sum=%d\n",sum);
}
```

错误显示：

```
error C2146: syntax error : missing ';' before identifier 'printf'
```

解决方法：在"while(i<=100)"后面加上";"。

2. for 语句中的增量设置不对

代码清单 6.9：

```
#include "stdio.h"
main()
{
    int sum,i;
    sum=0;
    for(i=1;i<=100;i+1)
        sum=sum+i;
    printf("sum=%d\n",sum);
}
```

警告显示：

```
warning C4552: '+' : operator has no effect; expected operator with side-effect
```

解决方法：将 for 语句中的增量 i+1 改为 i++或者 i=i+1。

3. for 语句中的增量语句后面多了一个分号";"

代码清单 6.10：

```
#include "stdio.h"
main()
{
    int sum,i;
    sum=0;
    for(i=1;i<=100;i++;)
        sum=sum+i;
    printf("sum=%d\n",sum);
}
```

错误显示：

```
error C2143: syntax error : missing ')' before ';'
error C2059: syntax error : ')'
```

解决方法：去掉 for 语句中的增量 i++后面的分号";"。

实例分析与实现

1. 实例分析

假设第一天有 x 个萝卜，第二天有 y 个萝卜，可以推算公式 y=x/2-1，得出 x=（y+1）*2，也就是说已知某一天有 y 个萝卜，前一天为 x=（y+1）*2 个，根据公式，本例中第十天有 1 个萝卜，第九天应该有（1+1）*2=4 个萝卜，第八天应该有（4+1）*2=10 个萝卜，依此类推便可求出第一天萝卜的个数，具体算法如下。

① 定义两个变量，一个用于存储天数变化，一个用于存储第十天萝卜的个数。

② 输出"第10天有1个萝卜"。

③ 用 for 语句控制天数变化。

④ 在循环体中利用公式计算萝卜的个数，并输出结果。

2. 项目代码

代码清单 6.11：

```
#include "stdio.h"
main()
{
    int i,y=1;                              //变量定义：i为天数，y为萝卜的个数
    printf("第10天有1个萝卜。\n");
    for(i=9;i>=1;i--)                       //for控制天数变化
    {
        y=(y+1)*2;                          //计算萝卜个数
        printf("第%d天有%d个萝卜。\n",i,y);    //输出结果
    }
}
```

进阶案例——ATM 机密码输入控制

1. 案例介绍

在 ATM 机界面输入银行卡密码，如果密码正确，循环提示"请输入操作选项："，其中按1键实现"查询余额"功能，按2键实现"取款"功能，按3键实现"存款"功能，按4键实现"转账"功能，按5键实现"打印清单"功能，按6键实现"退卡"功能；如果密码错误，则提示"密码错误!"，第三次密码错误提示"密码错误三次，无法输入!"，输出结果如图 6.11 所示。

（a）密码正确操作图

（b）密码错误操作图

图 6.11　进阶案例输出结果

2. 案例分析

首先利用 while 控制语句外循环输入银行卡密码三次，如果密码正确，进入操作界面。利用 while 语句控制内循环，根据输入执行相应操作，case 1 执行"查询余额"功能，case 2 执行"取款"功能，case 3 执行"存款"功能，case 4 执行"转账"功能，case 5 执行"打印清单"功能，case 6 执行"退卡"功能。如果前两次密码错误则提示"密码错误!"，第三次密码错误则提示"密码错误三次，无法输入!"。具体算法如下。

① 定义变量，用于保存密码、选项、次数和标记。

② 使用 while 外循环控制密码最多输入3次。

③ 利用 scanf 语句输入银行卡密码。

④ 利用 if 语句判断密码是否正确。

⑤ 若密码正确，则循环显示"请输入操作选项："，并利用 switch 语句判断选项，执行相应操作。当 flag 为 0 时，终止内循环，不再显示"请输入操作选项："；

⑥ 若密码错误，则判断密码输入次数是否小于 3 次，如小于 3 次，输出"密码错误！"，否则输出"密码错误 3 次，无法输入！"。

⑦ 密码次数加 1，直到密码输入超过 3 次。

3. 项目代码

代码清单 6.12：

```c
#include "stdio.h"
#include "stdlib.h"
main()
{
    int pwd,select,num=1,flag=1;            //定义变量密码、选项、次数
    while(num<=3)                           //外循环控制密码最多输入3次
    {
        printf("请输入银行卡密码:");
        scanf("%d",&pwd);
        system("cls");                      //清屏
        if(pwd==123456)                     //判断密码是否正确
        {
            while(flag==1)                  //操作选项循环显示
            {
                printf("请输入操作选项:");
                scanf("%d",&select);
                switch(select)              //判断选项
                {
                  case 1:printf("查询余额\n");break;      //寻找case入口
                  case 2:printf("取款\n");break;
                  case 3:printf("存款\n");break;
                  case 4:printf("转账\n");break;
                  case 5:printf("打印清单\n");break;
                  case 6:printf("退卡\n");flag=0;          //利用flag=0终止while内循环
                }
            }
            break;                          //终止while外循环
        }
        else                                //密码错误
        {
            if(num<3)                       //密码输入次数小于3次
                printf("密码错误!\n");
            else                            //密码输入次数等于3次
                printf("密码错误3次，无法输入!\n");
            num++;                          //统计密码输入次数
        }
    }
}
```

同步训练

一、选择题

1. 语句"while (!e);"中的条件"!e"等价于（　　　）。
   A. e==0　　　　　　B. e!=1　　　　　　C. e!=0　　　　　　D. ~e

2. 下面有关 for 循环的正确描述是（　　　）。
   A. for 循环只能用于循环次数已经确定的情况
   B. for 循环是先执行循环体语句，后判定表达式
   C. 在 for 循环中，不能用 break 语句跳出循环体
   D. for 循环体语句中，可以包含多条语句，但要用大括号括起来

3. 设有程序段"int k=10; while (k= =0) k=k-1;"，则下面描述中正确的是（　　　）。
   A. while 循环执行 10 次　　　　　　B. 循环是无限循环
   C. 循环体语句一次也不执行　　　　　D. 循环体语句执行一次

4. C 语言中 while 和 do-while 循环的主要区别是（　　　）。
   A. do-while 的循环体至少无条件执行一次
   B. while 的循环控制条件比 do-while 的循环控制条件严格
   C. do-while 允许从外部转到循环体内
   D. do-while 的循环体不能是复合语句

5. 若 i 和 k 都是 int 类型变量，有以下 for 语句。
   ```
   for(i=0,k=-1;k=1;k++) printf("*****\n");
   ```
   下面关于语句执行情况的叙述中正确的是（　　　）。
   A. 循环体执行两次　　　　　　　　　B. 循环体执行一次
   C. 循环体一次也不执行　　　　　　　D. 构成无限循环

6. "for(i=0; i<=15; i++)　printf("%d",i);"循环结束后，i 的值为（　　　）。
   A. 14　　　　　　B. 15　　　　　　C. 16　　　　　　D. 17

7. 下面程序的运行结果是（　　　）。
   ```
   main()
   {
       int i,b,k=0;
       for(i=1;i<=5;i++)
       {
           b=i%2;
           while(--b>=0) k++;
       }
       printf("%d,%d",k,b);
   }
   ```
   A. 3,-1　　　　　　B. 8,-1　　　　　　C. 3,0　　　　　　D. 8,-2

8. 下面程序的运行结果是（　　　）。
   ```
   main()
   { int x=1;
     while(x<20)
     {   x=x*x;
         x=x+1;
   ```

```
        }
    printf("%d",x);
    }
```
    A. 1   B. 20   C. 25   D. 26

9. 以下程序的输出结果是（　　）。

```
main()
{
    int i;
    for (i=4;i<=10;i++)
    {
        if(i%3==0) continue;
        printf("%d",i);
    }
}
```
    A. 45   B. 457810   C. 69   D. 678910

10. 若 i、j 已定义成 int 型，则以下程序段中内循环体的总执行次数是（　　）。

```
for(i=6;i>0;i--)
    for(j=0;j<4;j++){…}
```
    A. 20   B. 24   C. 25   D. 30

二、填空题

1. C 语言中实现循环结构的控制语句有_____语句、_____语句和_____语句。

2. break 语句在循环体中的作用是_____，continue 语句在循环体中的作用是_____。

3. 如果循环次数在执行循环体之前就已确定，一般用_____循环；如果循环次数是由循环体的执行情况确定的，一般用_____循环或者_____循环。

4. 下面程序运行的结果是_____。

```
main ( )
{ int k=1,n=263;
  do { k*=n%10; n/=10; } while(n);
  printf("%d\n",k);}
```

5. 下面程序运行的结果是_____。

```
main ( )
{ int a=10,y=0;
  do{
    a+=2; y+=a;
    if(y>50) break;
  } while(a=14);
  printf("a=%d y=%d\n",a,y);
}
```

三、程序设计题

1. 编写程序实现输出如下图形。

```
            *
        *   *   *
    *   *   *   *   *
*   *   *   *   *   *   *
```

2. 编程实现求两个整数的最大公约数，例如 24 和 18 的最大公约数为 6。

3. 编程实现求 Fibonacci 数列第 20 个数，这个数列第 1 个数为 1，第 2 个数为 1，从第 3 个数开始，该数等于前两个数之和。即：

$$\begin{cases} F_1=1, & (n=1); \\ F_2=1, & (n=2); \\ F_n=F_{n-1}+F_{n-2}, & (n\geq3) \end{cases}$$

4. 编程实现打印出所有的"水仙花数"，所谓"水仙花数"，是指一个 3 位数，其各位数字立方之和等于该数本身。

技能训练

循环结构程序设计

第三篇
初级应用

第7章

数组

学习目标

- 掌握一维数组的定义、初始化及引用方法。
- 掌握冒泡排序的算法。
- 掌握字符维数组的定义、初始化及引用方法。
- 掌握常用字符串处理函数的使用方法。
- 掌握二维数组的定义、初始化及引用方法。
- 掌握C语言程序设计中使用数组时常见的编译错误与解决方法。

实例描述——冒泡排序法简单实例

编写程序实现对输入的 10 个实数进行从小到大排序并输出结果。假设输入 10 个实数，输入"3.5␣2.5␣4.8␣9.7␣6.3␣0.1␣5.8␣8.8␣4.5␣7.2✓"，那么输出结果为"0.100,2.500,3.500,4.500,4.800, 5.800,6.300,7.200,8.800,9.700"，如图 7.1 所示。

图 7.1　实例运行结果

知识储备

在前面所学的章节中，定义的变量都属于基本数据类型，每个变量都是单一的存储空间，当数据比较多的时候，基本的数据类型就不能满足数据存储，为此，C 语言还提供了数组类型，本章将针对一维数组、字符数组及二维数组等知识进行讲解。

7.1　数组

前面介绍了 C 语言中最常用的基本数据类型——整型类型、实型类型和字符型类型，在简单的程序设计中，定义一个或几个基本类型的变量用来存储和处理数据，完全能够实现程序的功能；但是，当要处理的数据量很大时，如果还是使用基本类型的变量来存储数据，将会带来很大的麻烦。

假设要处理一个学校中一个年级学生的某门功课的成绩，学生可能多达上千人，如果还是采用基本类型的数据来处理和存储，那就必须定义上千个变量，这在程序设计中恐怕是不现实的。

C 语言新的数据类型——构造类型，可以用来处理和存储更复杂的数据。构造类型也叫导出类型是由基本的数据类型按照一定的规则组成的。C 语言中的构造类型有数组类型、结构体类型、共用体类型。本章只介绍数组类型，其他构造类型在后续的章节中会介绍。

数组类型简称数组，是由同一种类型数据构成的有序集合。简单地说，数组中的所有元素必须是相同类型的数据，并且是用连续的存储单元按顺序存储每一个数据。

数组按照维数可分为一维数组、二维数组、多维数组；按照数据类型可分为整型数组、实型数组、字符型数组等。

7.2　一维数组

7.2.1　一维数组的定义

V7-1　一维数组定义及初始化

一维数组用来存放多个相同类型的数据组成的一个集合。在 C 语言中，一个一维数组的定义格式如下。

数据类型说明符　数组名[长度];

（1）数组名的命名规则必须遵循标示符的命名规则。

（2）数组长度表示数组中元素个数，必须是整数，常用整型常量或整型常量表达式来表示，不能使用变量或含有变量的表达式。

（3）数组长度必须用方括号括起来，不能使用圆括号或其他括号。

（4）数据类型说明符指的是数组中所有元素都属于某一种类型，可以是基本类型，如整型、实型、字符型等；也可以是构造类型，如结构体类型、共用体类型等。

（5）数组必须占据一片连续的存储单元，所占总字节数为单个元素所占字节数乘以数组长度。数组中的元素用数组名和下标相结合来区分，下标从 0 开始。

（6）单独使用数组名不能表示数组的某一个元素或所有元素。C 语言规定，数组名等价于数组的首地址，也就是数组中第一个元素的地址，即"a"与"&a[0]"等价。

【例7.1】 定义一个含有 5 个元素的一维数组，代码应该书写为"int a[5];"

一维数组存储空间如图 7.2 所示，这就是一个数组的简单定义。它表示名为 a 的数组中有 5 个元素，5 个元素分别是 a[0]、a[1]、a[2]、a[3]、a[4]，每个元素都是 int 变量，都需要 4 个字节来存储，所以数组 a 需要占据 20 个字节的存储空间，并且这 20 个字节的存储单元必须是连续的空间。

需要特别注意的是，最后一个元素表示为 a[4]，不能表示为 a[5]。

a[0]	a[1]	a[2]	a[3]	a[4]

图 7.2　一维数组存储空间表示

【例7.2】 int b[3+4];

它表示数组 b 中共有 7 个元素，都是整型变量，分别是 b[0]、b[1]、b[2]、b[3]、b[4]、b[5]及 b[6]。

【例7.3】 int n=10;float c[n];double d[n+1];。

这样定义数组 c 和数组 d 是错误的，因为 n 是变量，n+1 是含有变量的表达式，不能用来表示数组的长度。

【例7.4】 #define N 6

```
float f[N],g[N-2];
int h['A'];
```

这样定义数组 f、数组 g、数组 h 都是允许的。N 是符号常量，数组 f 的长度为 6；N-2 是常量表达式，数组 g 的长度为 4；'A'是字符常量，其 ASCII 码为 65，所以数组 h 的长度为 65。

7.2.2　一维数组的初始化

数组中每一个元素的值可以通过赋值语句或输入函数得到，也可以在定义数组的同时给每个元素赋值。C 语言允许在程序运行前给数组元素赋初值，即对数组元素初始化。

【例7.5】 int a[3]={3,1,5};

在定义数组时，把要赋给数组各元素的初值用花括号括起来，数据之间用逗号分隔，最后的一个数据后面不需要逗号。a[0]的初值为 3，a[1]的初值为 1，a[2]的初值为 5。

【例 7.6】 int b[]={2,7,9,4};

如果在花括号里将数组元素的所有初值都例举出来了，则数组的长度可以省略不写。2,7,9,4 共 4 个元素，所以数组 b 的长度为 4，b[0]的初值为 2，b[1]的初值为 7，b[2]的初值为 9，b[3]的初值为 4。

【例 7.7】 int c[5]={5,2,9};

如果只对数组中的部分元素初始化，则数组的长度不能省略不写，其他没有赋值的元素的初始值为 0 或者 0.0。整型数组 c 中 c[0]的初值为 5，c[1]的初值为 2，c[2]的初值为 9，c[3]的初值为 0，c[4]的初值为 0。

【例 7.8】 float d[4]={0};

实型数组 d 中的 4 个元素的初值都为 0.0。

7.2.3　一维数组中元素的引用

一个数组其实就是一组数据，这组数据组成一个集合，这个集合的名称就是数组名，通过数组名和下标相结合的方法可以引用其中的某一个元素。数组元素的引用格式如下。

V7-2　一维数组元素的引用方法

数组名[下标]

下标为整数，从 0 开始，最大值为长度-1，下标要用方括号括起来。

【例 7.9】 int b[4]={2,7,9,4}。

数组 b 中有 4 个元素，都是 int 类型，第 1 个元素为 b[0]，其初值为 2；第 2 个元素为 b[1]，其初值为 7；第 3 个元素为 b[2]，其初值为 9；第 4 个元素为 b[3]，其初值为 4。如果有语句"b[2]=8;"，那么 b[2]元素的值就会变为 8。

7.2.4　一维数组程序举例

【例 7.10】 输入 10 个学生的某一门功课成绩，求出所有学生该门功课的平均成绩、最高分和最低分。

算法设计：首先定义一个整型数组 a，长度为 10，通过累加求和得到 10 个学生的总成绩，再除以 10 就得到平均成绩。将第一个元素的初始值设为最高分，赋值给变量 max，然后 max 分别与后面每一个元素的值进行比较，即可得到最高分。将第一个元素的初始值设为最低分，赋值给变量 min，然后 min 分别与后面每一个元素的值进行比较，即可得到最低分。

代码清单 7.1：

```c
#include "stdio.h"
#define N 10
main()
{
    int a[N],i,max,min;
    float ave=0;
    printf("请分别输入%d个学生的成绩：",N);
    for(i=0;i<N;i++)
        scanf("%d",&a[i]);
    max=a[0];
    min=a[0];
```

```
for(i=0;i<N;i++)
{
        ave=ave+a[i];//累加求总成绩
        if(max<a[i])
             max=a[i];//循环比较求最高分
        if(min>a[i])
             min=a[i];//循环比较求最低分
}
ave=ave/N;  //求平均成绩
printf("%d个学生的平均成绩为%.2f,最高分为%d,最低分为%d\n",N,ave,max,min);
}
```

（1）ave 为 float 类型的数据，其值必须初始化为 0.0，在最后一条语句 printf 函数中使用%.2f 表示显示 ave 时保留两位小数（四舍五入）。

（2）for(i=0;i<N;i++)

　　　　scanf("%d",&a[i]);

该语句表示从键盘上给数组中的每个元素分别输入初值，地址符号"&"不能少。下标 i 从 0 开始，到 N-1 结束。

（3）max 的初始值为 a[0]，每次分别与 a[i] 比较，如果 a[i]的值比 max 大，则将 a[i]的值放入 max 中，否则 max 的值不变；循环 10 次比较，即可求出最高分。

（4）min 的初始值为 a[0]，每次分别与 a[i] 比较，如果 a[i]的值比 min 小，则将 a[i]的值放入 min 中，否则 min 的值不变，循环 10 次比较，即可求出最低分。

运行代码并输入数据后显示结果如图 7.3 所示。

图 7.3 【例 7.10】显示结果

【例 7.11】 用冒泡算法对 5 个数进行从小到大排列。

算法设计：首先定义一个整型数组 a，长度为 5，必须将 5 个数进行 4 轮的冒泡才能从小到大排列。

① 第一轮找出 5 个数中的最大值，将最大值放在 a[4]中，则其他 4 个数分别放在 a[0]、a[1]、a[2]、a[3]中。

② 第二轮找出剩下 4 个数中的最大值，将最大值放在 a[3]中，则其他 3 个数分别放在 a[0]、a[1]、a[2]中。

③ 第三轮找出剩下 3 个数中的最大值，将最大值放在 a[2]中，则其他两个数分别放在 a[0]、a[1]中。

④ 第四轮找出剩下两个数中的最大值，将最大值放在 a[1]中，则另外 1 个数放在 a[0]中，为最小值。

代码清单 7.2：

```
#include "stdio.h"
main()
{
    int a[5];
    int i,j,t;
    printf("请输入5个数：");
    for(i=0;i<=4;i++)
        scanf("%d",&a[i]);
    for(i=0;i<=3;i++)
        for(j=0;j<=3-i;j++)
            if(a[j]>a[j+1])
            {t=a[j];a[j]=a[j+1];a[j+1]=t;}
    printf("5个数从小到大排列为");
    for(i=0;i<=4;i++)
        printf("%d,",a[i]);
}
```

（1）i=0 时进行第一轮的排序，5 个数需要比较 4 次，j 取值可以为 0、1、2、3，表示 a[0]和 a[1]、a[1]和 a[2]、a[2]和 a[3]、a[3]和 a[4]分别进行比较，小值放在前，大值放在后；完成这 4 次比较后，5 个数的最大值就存放在 a[4]中了。

（2）i=1 时进行第二轮的排序，4 个数需要比较 3 次，j 取值可以为 0、1、2，表示 a[0]和 a[1]、a[1]和 a[2]、a[2]和 a[3]分别进行比较，小值放在前，大值放在后；完成这 3 次比较后，4 个数的最大值就存放在 a[3]中了。

（3）i=2 时进行第三轮的排序，3 个数需要比较两次，j 取值可以为 0、1，表示 a[0]和 a[1]、a[1]和 a[2]分别进行比较，小值放在前，大值放在后；完成这两次比较后，3 个数的最大值就存放在 a[2]中了。

（4）i=3 时进行第四轮的排序，两个数需要比较 1 次，j 取值只可以为 0，表示 a[0]和 a[1]进行比较，小值放在前，大值放在后；完成这 1 次比较后，两个数的最大值就存放在 a[1]中了。剩下的就是最小值，放在 a[0]中。

（5）for(i=0;i<=4;i++)

　　　printf("%d,",a[i]);

该语句表示将数组中的所有元素都显示出来，每显示一个数据，后面都显示一个逗号，以便与后面的数据隔开。

运行代码并输入数据后显示结果如图 7.4 所示。

图 7.4 【例 7.11】显示结果

7.3 二维数组

前面介绍的数组只有一个下标，称为一维数组，其数组中的元素也称为单下标变量。在实际应用中有时也需要使用二维或多维数组，二维或多维数组中的元素有多个下标，以标识它在数组中的位置，所以也称为多下标变量。C 语言规定，二维或多维数组的每个下标都是从 0 开始计算。本小节只介绍二维数组，多维数组的相关概念及结论可由二维数组类推而得到。

V7-3 二维数组定义及初始化

7.3.1 二维数组的定义

二维数组定义的一般形式如下。

数据类型说明符 数组名[常量表达式1][常量表达式2]；

其中，常量表达式 1 表示第一维下标的长度，常量表达式 2 表示第二维下标的长度，长度必须是整型常量或表达式。

【例 7.12】 int a[2][3];

定义了一个二维数组 a，含有 2 行 3 列共 6 个元素，分别是 a[0][0]、a[0][1]、a[0][2]、a[1][0]、a[1][1]、a[1][2]，每个元素都是 int 类型变量。二维数组存储空间如图 7.5 所示，每个 int 类型变量占 4 字节的内存空间，所以二维数组 a 需要占连续的 24 字节空间。

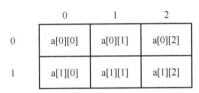

	0	1	2
0	a[0][0]	a[0][1]	a[0][2]
1	a[1][0]	a[1][1]	a[1][2]

图 7.5 二维数组存储空间示意图

说明

（1）二维数组中的每个元素都有两个下标，都必须分别放在单独的方括号内。

（2）二维数组定义中常量表达式 1 表示该数组具有的行数，常量表达式 2 表示该数组具有的列数，两个数字的乘积是该数组的元素的个数。

（3）二维数组的存放规律是按行存储。例如数组 a 含有 2 行 3 列共 6 个元素，则先存放 a[0]行，再存放 a[1]行，每行中的 3 个元素也是依次存放，所以数组元素排列顺序为 a[0][0]→a[0][1] → a[0][2] →a[1][0] →a[1][1] →a[1][2]。

7.3.2 二维数组的初始化

（1）按行给二维数组所有元素初始化。

【例 7.13】 int b[3][2]={{1,6},{2,5},{3,4}};

数组 b 的第一行 2 个元素分别为 1、6，第二行 2 个元素分别为 2、5，第三行 2 个元素分别为 3、4。

（2）按存储顺序给二维数组所有元素初始化。

【例7.14】 int d[4][3]={1,2,3,4,5,6,7,8,9,10,11,12};

数组 d 的第一行 3 个元素分别为 1、2、3，第二行 3 个元素分别为 4、5、6，第三行 3 个元素分别为 7、8、9，第四行 3 个元素分别为 10、11、12。

（3）给二维数组所有元素赋初值时，二维数组第 1 维长度可以省略（编译程序可以计算出长度），但是第 2 维长度在任何时候都不可省略。

【例7.15】 int array[][3]={1,3,9,2,4,6,5,7,8};

数组 array 中共 9 个元素，所以计算出第 1 维的长度为 3，即 3 行 3 列共 9 个元素，第一行 3 个元素分别为 1、3、9，第二行 3 个元素分别为 2、4、6，第三行 3 个元素分别为 5、7、8。

（4）对部分元素赋初值。

【例7.16】 int array[2][3]={1,3,9};

该数组的第一个元素 array[0][0]为 1，第二个元素 array[0][1]为 3，第三个元素 array[0][2]为 9，其他 3 个元素 array[1][0]、array[1][1]、array[1][2]全部都是 0。

【例7.17】 int array[2][4]={{1,3},{9}};

该数组的第一行 4 个元素依次为 1、3、0、0，第二行 4 个元素依次为 9、0、0、0。

7.3.3　二维数组中元素的引用

二维数组的元素的表示形式为：

数组名[下标][下标]

V7-4　二维数组元素的引用方法

【例7.18】 int c[5][3];

定义数组 c 共 5 行 3 列 15 个元素，每个元素有两个下标，下标为整数，都是从 0 开始，第一个下标为行下标，最大值为 4；第二个下标为列下标，最大值为 2，下标要用方括号括起来。该数组的第一个元素为 c[0][0]，第二个元素为 c[0][1]，……，最后一个元素为 c[4][2]。

V7-5　二维数组的应用

7.3.4　二维数组程序举例

【例7.19】 有一个 4 行 3 列的矩阵，编程求出该矩阵中的最大值和最小值（要求 12 个数从键盘上输入）。

算法设计如下。

① 首先定义一个数组 a，三行四列共 12 个元素，全部设为整数。

② 从键盘上输入 12 个元素，分别赋值给第一行的 3 个元素 a[0][0]、a[0][1]、a[0][2]，第二行的 3 个元素 a[1][0]、a[1][1]、a[1][2]，第三行的 3 个元素 a[2][0]、a[2][1]、a[2][2]，第四行的 3 个元素 a[3][0]、a[3][1]、a[3][2]。

③ 将第一个元素存放在变量 max 中和变量 min 中。

④ 将最大值 max 和最小值 min 分别与 a 中 12 个元素一一进行比较，大值存在 max 中，小值存在 min 中，按 4 行 3 列循环 12 次，得到数组中的最大值和最小值。

⑤ 显示该矩阵，4 行 3 列 12 个元素。

⑥ 显示矩阵中的最大值和最小值。

代码清单 7.3：

```
#include "stdio.h"
#define M 4
#define N 3
main()
{
    int a[M][N],i,j,max,min;
    printf("请输入%d个数: ",M*N);
    for(i=0;i<M;i++)
        for(j=0;j<N;j++)
            scanf("%d",&a[i][j]);
    max=a[0][0];
    min=a[0][0];
    for(i=0;i<M;i++)
        for(j=0;j<N;j++)
        {
            if(max<a[i][j])
                max=a[i][j];
            if(min>a[i][j])
                min=a[i][j];
        }
    printf("该数组显示为\n");
    for(i=0;i<M;i++)
    {
        for(j=0;j<N;j++)
            printf("%5d",a[i][j]);
        printf("\n");
    }
    printf("其中最大值为%d, 最小值为%d\n",max,min);
}
```

（1）for(i=0;i<M;i++)

        for(j=0;j<N;j++)

           scanf("%d",&a[i][j]);

该代码表示从键盘上输入 12 个元素，分别赋值给 4 行 3 列数组的每个元素。i 的取值为 0、1、2、3；j 的取值为 0、1、2。

（2）printf 函数中的 "%5d" 表示显示的整数如果小于 5 位，则在数字前面补空格。例如整数 5 按 "%5d" 显示时，前面需要补 4 个空格；整数 42 按 "%5d" 显示时，前面需要补 3 个空格；而 345789 按 "%5d" 显示时，由于它是 6 位整数，6 大于 5，所以 5 失去意义，345789 按实际位数显示，不需要补空格。

（3）for(i=0;i<M;i++)

    {

    for(j=0;j<N;j++)

```
        printf("%5d",a[i][j]);
    printf("\n");
    }
```

该代码表示显示 4 行数据，每行 3 个数，每行显示第 3 个数后需要换行后再显示下一行的数据。

运行代码并输入数据后显示结果如图 7.6 所示。

图 7.6 【例 7.19】显示结果

【例 7.20】 打印出杨辉三角形（要求打印出 10 行）。

算法设计如下。

① 首先定义一个数组 a，10 行 10 列共 100 个元素，全部设为整数，这里只需关心下面的三角形矩阵的元素的值。

② 第 1 列的所有元素全为 1；主对角线上的元素全为 1。

③ 不为 1 的元素的值是前一行中两个元素的和，即 a[i][j]= a[i-1][j-1]+ a[i-1][j]。

代码清单 7.4:

```
#include "stdio.h"
#define M 10
main()
{
    int a[M][M],i,j;
    for(i=0;i<M;i++)
        for(j=0;j<=i;j++)
        {
            if(j==0||i==j)
                a[i][j]=1;
            else
                a[i][j]=a[i-1][j-1]+a[i-1][j];
        }
    printf("杨辉三角形显示%d行为\n",M);
    for(i=0;i<M;i++)
    {
        for(j=0;j<=i;j++)
```

```
            printf("%6d",a[i][j]);
        printf("\n");
    }
}
```

运行代码并输入数据后结果显示如图 7.7 所示。

图 7.7 【例 7.20】显示结果

7.4 字符数组

字符数组是用来存放字符类型数据的数组。字符数组中的每一个元素存放单个字符，分别占用一个存储单元。

V7-6 字符串定义及初始化

7.4.1 字符数组的定义

字符数组的定义与一维数组的定义格式相似，只是其数组元素的数据类型为字符型变量，关键字为 char。

【例 7.21】 char ch[5];

```
ch[0]= 'a';ch[1]= '8';ch[2]= '? ';ch[3]= 's';ch[4]=65;
```

该代码定义 ch 为一个字符数组，在内存中占用连续 5 字节的存储单元，每个存储单元分别存放一个字符，数组中的 5 个元素分别为'a'、'8'、'? '、's'、'A'。注意：'8'是字符，不是整数 8；ch[4] 的值是 65，其实就是 ch[4]为'A'（字符'A'的 ASCII 码为 65）。

7.4.2 字符数组的初始化

字符数组的初始化与前面介绍的一维数组的初始化相似。

【例 7.22】 char a[3]={ 's', 't', 'k'};

在定义字符数组时，把要赋给数组各元素的初值用花括号括起来，数据之间用逗号分隔，最后的一个字符数据后面不需要逗号，数据必须用单引号括起来才能表示单个字符，当然也可以用字符的 ASCII 码值给元素赋值（字符的 ASCII 码不能用单引号括起来）。a[0]的初值为's'，a[1]的初值为't'，a[2]的初值为'k'。

【例 7.23】 char b[]={'2', 'u', '? ', 'm'};

如果在花括号里将字符数组元素的所有初值都列举出来，则数组的长度可以省略不写。由于具有'2', 'u', '? ', 'm' 共 4 个元素，所以字符数组 b 的长度为 4。

【例 7.24】 char c[5]={'5', 's', 'y'};

如果只对字符数组中的部分元素初始化，则数组的长度不能省略不写，其他没有赋值的元素的初始值为'\0'（'\0'是字符串的结束标志，其 ASCII 码值为0）。c[0]的初值为'5'，c[1]的初值为's'，c[2]的初值为'y'，c[3]的初值为'\0'，c[4]的初值为'\0'。

V7-7　字符数组元
素的引用方法

7.4.3　字符数组元素的引用

字符数组元素的引用格式如下。

字符数组名[下标]

下标为整数，从 0 开始，最大值为长度-1，下标要用方括号括起来。

【例 7.25】 将字符数组的每个字符都显示出来。

代码清单 7.5:

```c
#include "stdio.h"
main()
{
    char ch[12]={'G','o','o','d',' ','m','o','r','n','i','n','g'};
    int i;
    for(i=0;i<12;i++)
        printf("%c",ch[i]);
    printf("\n");
}
```

运行代码后结果如图 7.8 所示。

图 7.8 【例 7.25】显示结果

7.4.4　字符串和字符串结束的标志

在 C 语言中，字符串一般使用字符数组来处理。但是需要注意的是，字符数组的长度至少要比字符串的长度多一个字节，这是因为字符串的结束标志'\0'也要存放在该字符数组中。字符'\0'为空字符（不是空白字符），其 ASCII 码值为 0。

【例 7.26】 char st[11]={ "a good man"};

char sd[11]= "a good man";

以上两种定义字符数组的方式是等价的，都是将字符串"a good man"存放在字符数组中，但是字符数组的长度至少为 11，因为需要一个字符来存放字符串结束的标志 '\0'。字符串必须用双引号括起来，外面可以有花括号，也可以省略花括号。

【例 7.27】 char a[]="student";

char b[]={'s', 't', 'u', 'd', 'e', 'n', 't'};

以上两种定义字符数组的方式不是等价的，字符数组 a 的长度为 8，包含一个字符串"student" 和字符串结束标志符'\0'；字符数组 b 的长度为 7，没有字符'\0'。

7.4.5 字符串处理函数

C 语言函数库中提供了一些用来处理字符串的函数，这些函数有时可以给 程序设计带来很大的方便，因此有必要掌握一些常用的字符串处理函数。

V7-8 字符串处理 函数

1. 字符串输出函数 puts

字符串输出函数 puts 来自头文件 stdio.h，作用是在显示器上显示一个字符串(存储单元中以'\0' 结束的字符序列)，其一般形式为：

```
puts(字符数组名);
```

【例 7.28 】 puts 函数应用举例。

代码清单 7.6：

```
#include "stdio.h"
main()
{
    char a[11]="a good man";
    puts(a);
}
```

运行代码后结果如图 7.9 所示。

图 7.9 【例 7.28】显示结果

2. 字符串输入函数 gets

字符串输入函数 gets 来自头文件 stdio.h，作用是从键盘上接收一个字符串，存放在字符数组 中，最后在字符串末尾自动加上结束标志'\0'，其一般形式为：

```
gets(字符数组名);
```

输入字符串的个数不能超过字符数组的长度(数组中必须至少留下一个字符存放'\0')，否则 C 程序 不会自动停止读取字符，这样会出现意想不到的结果。

【例 7.29 】 gets 函数应用举例。

代码清单 7.7：

```
#include "stdio.h"
main()
{
    char a[11];
    printf("请输入一个字符串: ");
    gets(a);
```

```
        printf("该字符串显示为");
        puts(a);
}
```

运行代码并输入数据后结果如图 7.10 所示。

当然也可以用 scanf 函数来输入字符串，但是"gets(a);"与"scanf("%s",a);"不完全等价，有一些微小的区别。"scanf("%s",a);"接收字符串时，是将从第一个非空白符开始，到下一个空白字符结束前的这些字符存放在数组中，末尾自动加上结束标志'\0'。而"gets(a);"接收字符串时，将空白字符当作普通的字符接收。

图 7.10 【例 7.29】显示结果

【例 7.30】 scanf 函数与 gets 函数应用对比。

代码清单 7.8：

```
#include "stdio.h"
main()
{
        char a[11];
        printf("请输入一个字符串: ");
        scanf("%s",a);
        printf("该字符串显示为");
        puts(a);
}
```

运行代码并输入数据后结果显示如图 7.11 所示。

图 7.11 【例 7.30】显示结果

3. 字符串连接函数 strcat

字符串连接函数 strcat 来自头文件 string.h，作用是把字符数组 2 中的字符串连接到字符数组 1 中字符串后面，字符数组 1 后的字符串结束标志被字符数组 2 的第一个字符覆盖，新字符串末尾自动加上结束标志'\0'。其一般形式为：

```
strcat(字符数组1名,字符数组2名);
```

连接后的新字符串存放在数组 1 中，新字符串的长度不能超过字符数组 1 的长度。

【例 7.31】 strcat 函数应用举例。

代码清单 7.9：

```
#include "stdio.h"
#include "string.h"
```

```
main()
{
    char a[20],b[20];
    printf("请输入第一个字符串: ");
    gets(a);
    printf("请输入第二个字符串: ");
    gets(b);
    strcat(a,b);
    printf("字符串分别为\n");
    puts(a);
    puts(b);
}
```

运行代码并输入数据后显示结果如图 7.12 所示。

图 7.12 【例 7.31】显示结果

4. 字符串复制函数 strcpy

作用是把字符数组 2 中的字符串复制到字符数组 1 中，位置从字符数组 1 中的第一个位置开始存储，即使字符数组 1 中原先有字符，也会被覆盖，字符串复制后，在复制的字符串末尾自动加上结束标志'\0'。

```
strcpy(字符数组1名,字符数组2名);
```

字符串的长度不能超过数组的长度，字符数组 2 名也可以是字符串常量。

【例 7.32】 char a[20];

strcpy(a, "zhangfei");

该代码是将字符串 zhangfei 复制到字符数组 a 中，其实就是字符串 zhangfei 赋值给字符数组 a。

【例 7.33】 strcpy 函数应用举例。

代码清单 7.10:

```
#include "stdio.h"
#include "string.h"
main()
{
    char a[20],b[20];
    printf("请输入第一个字符串: ");
    gets(a);
    printf("请输入第二个字符串: ");
    gets(b);
    strcpy(a,b);
```

```
        printf("字符串分别为\n");
        puts(a);
        puts(b);
}
```

运行代码并输入数据后显示结果如图 7.13 所示。

图 7.13 【例 7.33】显示结果

5. 字符串比较函数 strcmp

字符串比较函数 strcmp 来自头文件 string.h，作用是按 ASCII 码依次比较两个数组中的字符串，并有一个返回值。其一般形式为 strcmp（字符数组 1 名,字符数组 2 名）。

（1）字符串 1=字符串 2，返回值为 0。

（2）字符串 1>字符串 2，返回值>0。

（3）字符串 1<字符串 2，返回值<0。

【例 7.34】 strcmp 函数应用举例。

代码清单 7.11:

```
#include "stdio.h"
#include "string.h"
main()
{
        char a[20],b[20]="a1b2c3d4";
        int i;
        printf("请输入一个密码: ");
        gets(a);
        i=strcmp(a,b);
        if(i==0)
                printf("密码正确\n");
        else
                printf("密码不正确\n");
}
```

运行代码并输入数据后结果如图 7.14 所示。

图 7.14 【例 7.34】结果显示

6. 求字符串实际字符个数函数 strlen

求字符串实际字符个数函数 strlen 来自头文件 string.h，作用是求字符数组中字符串的实际字符个数（不包括字符串结束标志'\0'），并返回该值，其一般形式为：

```
strlen(字符数组名);
```

 字符数组中字符串的实际字符个数与字符数组的长度是两个不同的概念。

【例7.35】 strlen 函数应用举例。

代码清单 7.12：

```
#include "stdio.h"
#include "string.h"
main()
{
    char a[20];
    int i,j;
    printf("请输入一个字符串：");
    gets(a);
    i=strlen(a);
    j=sizeof(a);
    printf("字符数组a中存放了%d个实际字符，数组a在内存中占据%d个存储单元\n",i,j);
}
```

运行代码并输入数据后结果如图 7.15 所示。

图 7.15 【例 7.35】显示结果

7. 字符串中大写字母转换小写字母函数 strlwr

字符串中大写字母转换小写字母函数 strlwr 来自头文件 string.h，作用是将字符数组中字符串的大写字母转换成小写字母，其他字符不变化，其一般形式为：

```
strlwr (字符数组名);
```

【例7.36】 strlwr 函数应用举例。

代码清单 7.13：

```
#include "stdio.h"
#include "string.h"
main()
{
    char a[20];
    printf("请输入一个字符串：");
    gets(a);
    strlwr(a);
    printf("字符串转换后：");
```

```
        puts(a);
}
```

运行代码并输入数据后显示结果如图 7.16 所示。

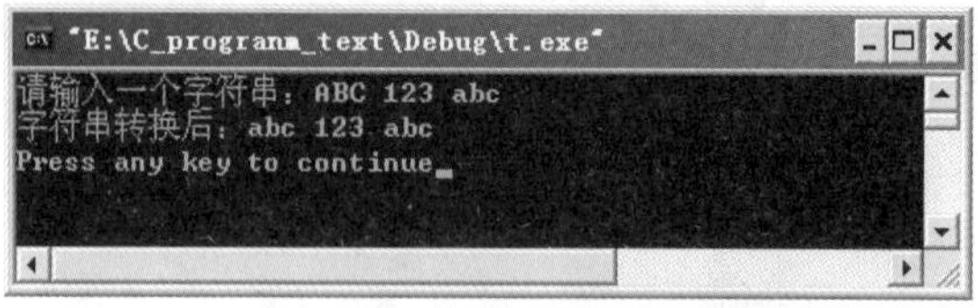

图 7.16 【例 7.36】显示结果

8. 字符串中小写字母转换大写字母函数 strupr

字符串中小写字母转换大写字母函数 strupr 来自头文件 string.h，作用是将字符数组中字符串的小写字母转换成大写字母，其他字符不变化，其一般形式为：

```
strupr (字符数组名);
```

【例 7.37】 strupr 函数应用举例。

代码清单 7.14：

```
#include "stdio.h"
#include "string.h"
main()
{
        char a[20];
        printf("请输入一个字符串: ");
        gets(a);
        strupr(a);
        printf("字符串转换后: ");
        puts(a);
}
```

运行代码并输入数据后显示结果如图 7.17 所示。

图 7.17 【例 7.37】显示结果

7.4.6 字符数组程序举例

【例 7.38】 从键盘上输入一串字符，将字符串里的小写字母变成大写字母，其他字符不变并全部显示出来（不使用库函数中的 strupr 函数）。

算法设计：首先定义一个字符数组 a，长度尽量大一些，设为 100。从键盘上输入一个字符串存放在数组 a 中，然后依次判断字符串的每个字符，如果为小写字母，则变成大写字母；如果为其他字符，则不变化，直到字符串结束为止。

代码清单 7.15：

```
#include "stdio.h"
#define N 100
main()
{
    char a[N];
    int i;
    printf("请输入一个字符串：");
    gets(a);
    for(i=0;a[i]!='\0';i++)
    {
        if((a[i]>='a')&&(a[i]<='z'))
            a[i]=a[i]-32;
    }
    printf("字符串小写转换大写后显示为\n");
    puts(a);
}
```

运行代码并输入数据后显示结果如图 7.18 所示。

图 7.18 【例 7.38】显示结果

 说明

（1）a[i]!= '\0'表示 a[i]中的字符不是'\0'，也就是说字符串还没有结束。

（2）"(a[i]>='a')&&(a[i]<='z')"与 "(a[i]>=97)&&(a[i]<=97+25)"等价，表示 a[i]为小写字母。

（3）"a[i]=a[i]-32"是将小写字母转换成大写字母，因为小写字母的 ASCII 码比大写字母的 ASCII 码大 32。

【例 7.39】 从键盘上输入一串字符，求字符串中实际字符个数（不使用库函数中的 strlen 函数）。

算法设计：

首先定义一个字符数组 a，长度尽量大一些，设为 100。从键盘上输入一个字符串存放在数组 a 中，然后依次判断字符串中的字符，如果不是'\0'（即为实际字符），则个数 sum 自加 1，直到字符串结束为止。

代码清单 7.16：

```
#include "stdio.h"
#define N 100
main()
{
    char a[N];
    int i,sum=0;
    printf("请输入一个字符串：");
    gets(a);
```

```
    for(i=0;a[i]!='\0';i++)
            sum++;
    printf("字符串中实际字符个数为%d\n",sum);
}
```

运行代码并输入数据后显示结果如图 7.19 所示。

图 7.19 【例 7.39】显示结果

（1）"a[i]!= '\0'"表示 a[i]中的字符不是'\0'，就是说字符串还没有结束。

（2）空白字符也是实际字符。

7.5 常见编译错误与解决方法

数组的程序设计过程中常见的错误、警告及解决方法举例如下。

1. 数组元素下标超过了长度−1。

代码清单 7.17：

```
#include "stdio.h"
main()
{
    int a[5]={5,6,7,8,9};
    int i;
    for(i=0;i<=5;i++)
            printf("%d,",a[i]);
}
```

编译调试没有错误和警告：

`code7_17.exe - 0 error(s), 0 warning(s)`

运行程序，结果中出现莫名其妙的数据，如
图 7.20 所示。

图 7.20 代码清单 7.17 运行显示结果

显示的数据中出现的一个非法数据 1245120。

解决方法：将 for 语句的循环条件改为 i<=4 或 i<5。

2. 数组初始化时，列举出的数据的个数大于数组的长度

代码清单 7.18：

```
#include "stdio.h"
main()
{
    int a[5]={5,6,7,8,9,10};
    int i;
```

```
    for(i=0;i<5;i++)
        printf("%d,",a[i]);
}
```

显示错误：

`error C2078: too many initializers`

解决方法：在数组初始化时去掉多余的元素，改成"int a[5]={5,6,7,8,9};"。

3. 先定义数组，后进行初始化

代码清单 7.19：

```
#include "stdio.h"
main()
{
    int a[5];
    int i;
    a[5]={5,6,7,8,9};
    for(i=0;i<5;i++)
        printf("%d,",a[i]);
}
```

显示错误：

`error C2059: syntax error : '{'`

解决方法：定义数组的同时进行初始化，改为"int a[5]={5,6,7,8,9};"。

4. 在输入字符串时，字符串的个数超过了字符数组的长度

代码清单 7.20：

```
#include "stdio.h"
main()
{
    char a[5];
    printf("请输入一个字符串：");
    scanf("%s",a);
    printf("该字符串显示为");
    printf("%s\n",a);
}
```

编译调试没有错误和警告：

`code7_20.exe - 0 error(s), 0 warning(s)`

在运行程序输入字符串"abcde12345"后，会弹出"应用程序错误"的提示对话框，如图 7.21 所示。

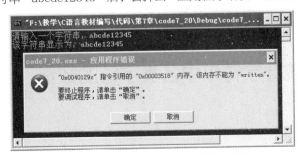

图 7.21　代码清单 7.20 运行显示结果

解决方法：将字符数组的长度定义长些，如将长度 5 改为 50。

实例分析与实现

1. 实例分析

首先，定义一个数组 a，长度为 10，全部为实型数据，循环 10 次。然后，采用 scanf 函数输入 10 个实数，依次存放在数组 a 中。再利用冒泡排序法循环 9 轮，每轮分别比较 9、8、7、6、5、4、3、2、1 共计 45 次，可进行从小到大排列。最后，循环 10 次，采用 printf 函数从小到大显示结果，注意数据与数据之间的间隔。具体算法如下。

① 定义一个 10 个元素的实型数组。
② 利用 for 循环语句为数组赋值。
③ 利用嵌套循环进行从小到大冒泡排序。
④ 利用 for 循环语句输出排序后的结果。

2. 项目代码

代码清单 7.21：

```c
#include "stdio.h"
#define N 10
main()
{
    float a[N],t;
    int i,j;
    printf("请输入%d个实型数据: ",N);
    for(i=0;i<N;i++)
        scanf("%f",&a[i]);
    for(i=0;i<N-1;i++)
        for(j=0;j<N-1-i;j++)
            if(a[j]>a[j+1])
            {t=a[j];a[j]=a[j+1];a[j+1]=t;}
    printf("%d个实型数据从小到大排序为",N);
    for(i=0;i<N;i++)
        printf("%.3f,",a[i]);//显示数据时保留3位小数，数据与数据之间用逗号隔开
}
```

3. 案例拓展

将 10 个数改成 15 个数进行冒泡排序，如何修改程序？

进阶案例——统计字符串中各类字符的数量

1. 案例介绍

从键盘上输入一个字符串，统计其中字母、数字和其他字符分别的个数并输出结果。

2. 案例分析

首先，定义一个字符数组 a，长度尽量大些，设为 100。然后，采用 gets 函数从键盘上输入一个字符串，依次存放在数组 a 中。再利用循环语句依次判断字符串从第一个字符开始到字符串结束之间的每一个字符分别是字母、数字还是其他字符。最后，将统计的 3 种数据字符个数用 printf 函数显示出来，适当地加点提示词语。具体算法如下。

① 定义一个字符数组和 4 个变量，分别用于存储字符串、控制字符数组下标变化、存储各类型字符个数。

② 利用 gets 函数为数组赋值。

③ 利用 for 循环读取每一个数组元素。

④ 利用 if 多分支结构判断各种字符，并对相应的变量进行加 1 操作。

⑤ 循环结束，输出各类型字符元素个数。

3. 项目代码

代码清单 7.22：

```
#include "stdio.h"
#define N 100
main()
{
    char a[N];
    int i,s1=0,s2=0,s3=0;
    printf("请输入一个字符串: ");
    gets(a);
    for(i=0;a[i]!='\0';i++)
    {
        if(((a[i]>='a')&&(a[i]<='z'))||((a[i]>='A')&&(a[i]<='Z')))
            s1++;
        else if((a[i]>='0')&&(a[i]<='9'))
            s2++;
        else
            s3++;
    }
    printf("该字符串中字母为%d个，数字为%d个，其他字符为%d个。\n",s1,s2,s3);
}
```

4. 运行结果

进阶案例输出结果如图 7.22 所示。

图 7.22　进阶案例输出结果

5. 案例拓展

从键盘上输入一个字符串，统计其中大写字母、小写字母、数字和其他字符分别的个数并输出结果。

同步训练

一、选择题

1. 关于数组元素类型的说法，下列哪一项是正确的？（ ）
   A. 必须是整数类型 B. 必须是整型或实型
   C. 必须是相同数据类型 D. 可以是不同数据类型

2. 下列关于输入输出字符串的说法哪一项是正确的？（ ）
   A. 使用 gets(s)函数输入字符串时应在字符串末尾输入 "\0"
   B. 使用 puts(s)函数输出字符串时，输出结束会自动换行
   C. 使用 puts(s)函数输出字符串时，当输出 "\n" 时才换行
   D. 使用 printf("%s",s)函数输出字符串时，输出结束会自动换行

3. 在下列叙述中，错误的是（ ）。
   A. C 语言中，二维数组或多维数组是按行存放的
   B. 赋值表达式 "b[1][2]=a[2][3]" 是正确的
   C. "char a[1]; a[0]=' A '" 与 "int a[1]; a[0]=' A '" 等价
   D. 数组名后的方括号内可以为常量表达式，也可以是变量

4. 以下不正确的定义语句是（ ）。
   A. double x[5]={1.0,2.0,3.0,4.0,5.0}; B. int y[5]={0,1,2,3,4,5};
   C. char c1[]={' 1', ' 2', ' 3', ' 4', ' 5'}; D. char c2[]={' a', ' b', ' c'};

5. 程序：
```c
#include "stdio.h"
main()
{char str[10];
 scanf("%s",&str);
 printf("%s\n",str);
}
```
运行上面的程序，输入字符串 "how are you"，则程序的执行结果是（ ）。
   A. how B. how are you C. h D. howareyou

6. 下列数组定义中错误的是（ ）。
   A. int x[][3]={0}; B. int x[2][3]={{1,2},{3,4},{5,6}};
   C. int x[][3]={{1,2,3},{4,5,6}}; D. int x[2][3]={1,2,3,4,5,6};

7. 程序：
```c
#include "stdio.h"
#include "string.h"
main()
{char str[]="abcd\n\123\xab";
 printf("%d",strlen(str));
}
```
运行后的输出结果是（ ）。
   A. 10 B. 9 C. 7 D. 14

8. 若已包括头文件"stdio.h"和"string.h"，运行如下程序的输出结果是（ ）。

```
char s1[10]="12345",s2[10]= "089",s3[]="67";
strcat(strcpy(s1,s2),s3);
puts(s1);
```
    A. 08967   B. 0894567   C. 089567   D. 089123

9. 有定义语句"int b; char c[10];",则正确的输入语句是（　　　）。

    A. scanf("%d%s",&b,&c);   B. scanf("%d%s",&b,c);

    C. scanf("%d%s",b,c);   D. scanf("%d%s",b,&c);

10. 有以下程序段：

```
int j;  float y; char name[50];
scanf("%2d%f%s",&j,&y,name);
```

执行上述程序段，从键盘上输入"55566 7777abc"后，y 的值为（　　　）。

    A. 55566.0   B. 566.0   C. 7777.0   D. 56677.0

11. 定义如下变量和数组：

```
int i;
int x[3][3]={1,2,3,4,5,6,7,8,9};
```
   则下面语句的输出结果是（　　　）。
```
for(i=0;i<3;i++) printf("%d",x[i][2-i]);
```
    A. 159   B. 147   C. 357   D. 369

12. 以下程序段的输出结果是（　　　）。

```
#include "stdio.h"
main()
{ char p[][4]={"ABC","DEF","GHI"};
  int i;
  for(i=0;i<3;i++)
    puts(p[i]);
}
```
    A. A   B. ADG

       B

       C

    C. ABC   D. ABC

       DEF

       GHI

二、填空题

1. 若定义数组"float price[20];"，则该数组占有内存空间大小为＿＿＿＿＿＿。

2. 如果定义"int a[5];"，说明数组中共有＿＿＿＿＿＿个元素，数组元素 a[3]表明该元素是数组中的第＿＿＿＿＿＿个元素。

3. 字符串结束的标志是＿＿＿＿＿＿。

4. 以下程序的输出结果是＿＿＿＿＿＿。

```
#include "stdio.h"
main()
{
    int a[8]={2,3,4,5,6,7,8,9};
    int i,r=1;
    for(i=0;i<=3;i++)
```

```
            r=r*a[i];
        printf("%d\n",r);
    }
```

5. 输入 10 个数，找出其中的最大值。将程序补充完整。

```
#include "stdio.h"
main()
{
    int i,max,a[10];
    printf("请输入10个数: ");
    for(i=0;i<10;i++)
        scanf("%d",_____);
    max=a[0];
    for(i=0;i<10;i++)
    if(a[i]>max)_____;
    printf("最大值: %d",max);
}
```

三、程序设计题

1. 编写程序，定义数组存放 10 个学生的分数，并计算输出平均分和及格率。

2. 编写程序判断一个字符串是否是回文，并输出判断结果。（回文是顺读和倒读都一样的字符串）

3. 编写程序，定义一个二维数组 a[4][3]，赋值后找出其中的最大和最小元素，并指出它们所在的行号和列号。

4. 编写程序，将字符数组 s2 中的全部字符复制到字符数组 s1 中。（不用 strcpy 库函数，复制时'\0'也要复制过去，'\0'后面的字符不复制）

技能训练

一维数组的应用

字符数组的应用

第8章

函数

学习目标

- 掌握函数的定义及一般调用形式。
- 掌握函数的嵌套调用和递归调用方法。
- 掌握数组作为函数参数的应用。
- 掌握函数中变量存储类别及作用域。
- 掌握内部函数与外部函数的区别。
- 掌握函数程序设计过程中常见的编译错误与解决方法。

实例描述——模拟 ATM 机存取款操作

输入银行卡密码，如果密码正确则显示操作界面，循环提示"请输入操作选项："，其中按1键实现"查询余额"功能，按2键实现"取款"功能，按3键实现"存款"功能，按4键实现"退卡"功能，按5键实现"返回"功能，如果密码错误，则提示"密码错误，请重新输入!"。运行结果如图 8.1 ~ 图 8.4 所示。

图 8.1　界面显示

图 8.2　查询余额

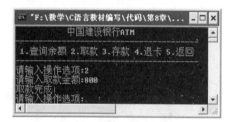

图 8.3　取款操作

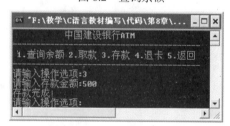

图 8.4　存款操作

知识储备

随着程序功能的增多，main 函数中的代码越来越多，导致 main 函数中的代码复杂、可读性差、不易维护。解决的方法就是将功能相同的代码提取出来，将这些代码模块化，在程序需要时直接调用。本章将针对函数的相关知识进行详细的讲解。

8.1　函数概述

函数是 C 语言程序的基本模块，用户可把自己的算法编成一个个相对独立的函数模块，然后用调用的方法来使用函数，实现特定的功能。由于采用了函数模块式的结构，所以 C 语言易于实现结构化程序设计，可以使程序的层次结构清晰，便于程序的编写、阅读、调试。main 函数是主函数，它可以调用其他函数，而不允许被其他函数调用。因此，C 程序的执行总是从 main 函数开始，完成对其他函数的调用后再返回到 main 函数，最后由 main 函数结束整个程序。

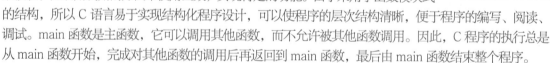

V8-1　函数概述及分类

在 C 语言中可从不同的角度对函数分类，从函数定义的角度看，函数可分为库函数和自定义函数两种。

1. 库函数

由 C 系统提供，用户无须定义，也不必在程序中做类型说明，只需在程序前包含有该函数原型的头文件，即可在程序中直接调用。例如前面各章中用到的 printf、scanf、getchar、putchar、gets、puts 等函数，应用时都需要加上头文件"#include "stdio.h""。C 系统中提供很多库函数，具体见附录 C。

【例8.1】 求 $\sqrt{x}$ 的值。

代码清单8.1：

```
#include "stdio.h"
#include "math.h"
main()
{
    int x;
    double y;
    scanf("%d",&x);
    y=sqrt(x);
    printf("%lf\n",y);
}
```

运行结果：输入 5，输出 2.236068。

 一定要加上头文件"#include "math.h""，math.h 是数学头文件，sqrt 函数是其中之一，其功能是开方。

2. 自定义函数

自定义函数是由用户按需要自己编写的函数。对于用户自定义函数，不仅要在程序中定义函数本身，而且在主调函数模块中还必须对该被调函数进行类型说明，然后才能使用。本章主要介绍自定义函数的定义和调用方法。

8.2 函数定义

根据自定义函数是否有返回值和是否有参数，通常将函数定义分为以下 4 种形式。

V8-2 无参数无类型函数

1. 无返回值无参数定义形式

```
void 函数名( )
{
    函数体;
}
```

其中 void 和函数名称为函数头。函数名是由用户定义的标识符，函数名后有一个空括号，其中无参数，但括号不可少。{}中的内容称为函数体。在很多情况下函数都不要求有返回值和参数，此时函数类型符可以写为 void，void 代表函数无类型，即无返回值。例如：

```
void Hello( )
{
    printf ("Hello world!\n");
}
```

这里，只把 main 改为 Hello 作为函数名，其余不变。Hello 函数即是一个无返回值无参数的自定义函数，当被其他函数调用时，输出字符串"Hello world!"。

V8-3 有参数无类型函数

2. 无返回值有参数定义形式

```
void 函数名(形式参数表列)
```

```
{
    函数体;
}
```

有参函数比无参函数多了一个内容，即形式参数表列，其中给出的参数称为形式参数，它们可以是各种类型的变量，各参数之间用逗号间隔。在进行函数调用时，主调函数将赋予这些形式参数实际的值。形参是变量，必须在形参表列中给出形参的类型说明。

【例 8.2】 求两个整数的和（利用无返回值有参数形式）。

代码清单 8.2：

```
void sum(int a,int b)
{
    int s;
    s=a+b;
    printf("s=%d\n",s);
}
```

这里，形参为 a、b，均为整型量。a、b 的具体值是由主调函数在调用自定义函数时传送过来的。程序中只需考虑计算求和后输出结果。

3. 有返回值无参数定义形式

```
类型标识符  函数名( )
{
    函数体;
    return 表达式;
}
```

V8-4　无参数有类型函数

类型标识符指明了本函数的类型，函数的类型实际上是函数返回值的类型。该类型标识符与前面介绍的各种说明符相同，return 语句的作用是把值作为函数的值返回给主调函数。有返回值的函数中至少应有一个 return 语句。

【例 8.3】 求两个整数的和（利用有返回值无参数形式）。

代码清单 8.3：

```
int sum()
{
    int a,b,s;
    scanf("%d%d",&a,&b);
    s=a+b;
    return s;
}
```

第一行说明 sum 函数是一个整型函数，其返回的函数值是一个整数。sum 函数体中的 return 语句是把 a 与 b 之和 s 作为函数的值返回给主调函数，在此不需要打印输出。

4. 有返回值有参数定义形式

```
类型标识符  函数名(形式参数表列)
{
    函数体;
    return 表达式;
}
```

V8-5　有参数有类型函数

【例 8.4】 求两个整数的和（利用有返回值有参数形式）。

代码清单 8.4:

```c
#include "stdio.h"
int sum(int a,int b)
{
        int s;
        s=a+b;
        return s;
}
main()
{
        int x,y,z;
        scanf("%d%d",&x,&y);
        z=sum(x,y);
        printf("z=%d\n",z);
}
```

运行结果：输入"2 3↙"，输出"z=5"。

在 C 程序中，一个函数的定义语句块可以放在任意位置，既可放在主函数 main 之前，也可以把它放在 main 之后。

代码清单 8.5:

```c
#include "stdio.h"
main()
{
    int sum(int a,int b);
    int x,y,z;
    scanf("%d%d",&x,&y);
    z=sum(x,y);
    printf("z=%d\n",z);
}
int sum(int a,int b)
{
    int s;
    s=a+b;
    return s;
}
```

思政案例:
团队合作精神

运行结果：输入"2 3↙"，输出"z=5"。

现在从函数定义、函数说明及函数调用的角度来分析整个程序，程序的第 10 行至第 15 行为 sum 函数定义。进入主函数后，因为准备调用 sum 函数，故先对 sum 函数进行说明（程序第 4 行）。函数定义和函数说明并不是一回事，本书后面还会专门讨论。可以看出函数说明与函数定义中的函数头部分相同，但是末尾要加分号。程序第 7 行为调用 sum 函数，并把实参 x、y 中的值传送给 sum 的形参 a、b。sum 函数执行的结果 s 将返回给变量 z，最后由主函数输出 z 的值。

8.3 函数调用

在函数被调用时，一般主调函数和被调函数之间有数据传递关系，它是通过参数和 return 语句来实现的。

8.3.1 形参和实参

函数的参数分为形参（形式参数）和实参（实际参数）两种。形参出现在函数定义中，在整个函数体内都可以使用，离开该函数则不能使用；实参出现在主调函数中，进入被调函数后，实参变量也不能使用。形参和实参的功能是进行数据传送，发生函数调用时，主调函数把实参的值传送给被调函数的形参，从而实现主调函数向被调函数的数据传送。函数的形参和实参具有以下特点。

（1）形参变量只有在被调用时才分配内存单元，在调用结束时释放所分配的内存单元。因此，形参只在函数内部有效，函数调用结束返回主调函数后则不能再使用该形参变量。

（2）实参可以是常量、变量、表达式、函数等，无论是何种类型的量，在进行函数调用时，它们都必须具有确定的值，以便把这些值传送给形参。因此应预先用赋值、输入等办法使实参获得确定值。

（3）实参和形参在数量、类型和顺序上应严格一致，否则会发生类型不匹配的错误。

（4）函数调用中发生的数据传送是单向的，即只能把实参的值传送给形参，而不能把形参的值反向地传送给实参。因此在函数调用过程中，会存在形参的值发生改变，而实参中的值不会变化的情况。形参和参数传递示意如图 8.5 所示。

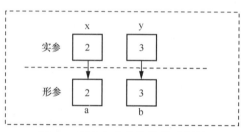

图 8.5　形参和实参值传递示意图

8.3.2　函数值

函数值是指函数被调用之后，执行函数体中的程序段所取得的并返回给主调函数的值。如【例 8.4】中调用 sum 函数取得两数之和。对函数值有以下一些说明。

（1）函数值只能通过 return 语句返回给主调函数。

return 语句的一般形式为

```
    return 表达式;
```
或者为
```
    return (表达式);
```

该语句的功能是计算表达式的值，并返回给主调函数。函数中允许有多个 return 语句，但每次调用只能有一个 return 语句被执行，因此只能返回一个函数值。

（2）函数值的类型和函数定义中函数的类型应保持一致。如果两者不一致，则以函数类型为准，自动进行类型转换。

（3）如函数值为整型，在函数定义时可以省去类型说明。

（4）不返回函数值的函数，可以明确定义为"空类型"，类型说明符为"void"。一旦函数被定义为空类型，就不能在主调函数中使用被调函数的函数值。如【例 8.2】中函数 sum 并不向主函数返回函数值。

8.3.3　函数调用方式

1. 函数调用的一般形式

前面已经说过，在程序中是通过对函数的调用来执行函数体的。对无参函数，调用时则无实参表。实参表中的参数可以是常量、变量或其他构造类型数据及表达式，各实参之间用逗号分隔。

C 语言中，函数调用的一般形式为：

函数名（实际参数表）

2. 函数调用的方式

在 C 语言中，可以用以下几种方式调用函数。

（1）函数表达式。函数作为表达式中的一项出现在表达式中，函数值参与表达式的运算。这种方式要求函数是有返回值的。例如"z=sum(x,y)"是一个赋值表达式，把 sum 函数的值赋予变量 z。

（2）函数语句。函数调用的一般形式加上分号即构成函数语句。例如"Hello();""sum(x,y);"都是以函数语句的方式调用函数。

（3）函数实参。函数作为另一个函数调用的实参出现。这种情况是把该函数的值作为实参进行传送，因此要求该函数必须是有返回值的。例如"printf("%d",sum(x,y));"即是把 sum 函数的返回值作为 printf 函数的实参来使用的。

例如，代码清单 8.4 中的函数调用部分代码可进行如下修改。

原代码：

```
main()
{
    int x,y,z;
    scanf("%d%d",&x,&y);
    z=sum(x,y);
    printf("z=%d\n",z);
}
```

修改后代码：

```
main()
{
    int x,y;
    scanf("%d%d",&x,&y);
    printf("%d\n", sum(x,y));
}
```

3. 被调用函数的声明和函数原型

在主调函数中调用某函数之前应对该被调函数进行声明，这与使用变量之前要先进行变量声明是一样的。在主调函数中对被调函数进行声明的目的是使编译系统知道被调函数返回值的类型，以便在主调函数中按此种类型对返回值做相应的处理。其一般形式为：

类型说明符 被调函数名(类型 形参，类型 形参…)；

或为：

类型说明符 被调函数名(类型，类型…)；

括号内给出形参的类型和形参名，或只给出形参类型，便于编译系统进行检错，以防止可能出现的错误。例如【例 8.4】代码清单 8.5 的 main 函数中对 sum 函数的声明为

```
int sum(int a,int b);
```

可改写为

```
int sum(int,int);
```

C 语言中又规定在以下几种情况下可以省去主调函数中对被调函数的函数声明。

（1）如果被调函数的返回值是整型或字符型，可以不对被调函数进行声明，而直接调用。这时系统将自动对被调函数值按整型处理。

（2）当被调函数的函数定义出现在主调函数之前时，在主调函数中也可以不对被调函数再进行声明而直接调用。例如【例 8.4】代码清单 8.4 中函数 sum 的定义放在 main 函数之前，因此可在 main 函数中省去对 sum 函数的函数声明 " int sum(int a,int b)"。

（3）如在所有函数定义之前，在函数外预先声明了各个函数的类型，则在以后的各主调函数中可不再对被调函数进行声明。

8.4 函数的特殊调用方式

函数的一般调用形式为主函数调用自定义函数，也可以是自定义函数调用另一个自定义函数，或者自定义函数调用它自身，这就是函数的嵌套调用和递归调用。

V8-6 函数嵌套调用

8.4.1 函数的嵌套调用

C 语言中各函数之间是平行的，不存在上一级函数和下一级函数的问题。C 语言允许在一个函数的定义中出现对另一个函数的调用，这样就出现了函数的嵌套调用，即在被调函数中又调用其他函数。其关系可表示为如图 8.6 所示，图中表示了两层嵌套的情形，其执行过程：执行 main 函数中调用函数 A 的语句，转去执行函数 A，由于函数 A 中调用函数 B，所以转去执行函数 B，函数 B 执行完毕返回函数 A 的断点继续执行，函数 A 执行完毕返回 main 函数的断点继续执行。

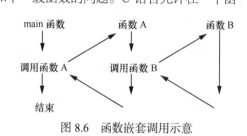

图 8.6 函数嵌套调用示意

【例 8.5】利用函数嵌套实现程序设计，求 1!+2!+…+10!。

算法设计如下。

① 编写求阶乘的函数 fact。

② 编写求和的函数 sum（其中嵌套调用函数 fact）。

③ 编写主函数（其中调用函数 sum）。

代码清单 8.6：

```
#include "stdio.h"
int fact(int n)
{
    int f=1,i;
    for(i=1;i<=n;i++)
        f=f*i;
    return f;
}
int sum(int h)
```

```
{
        int i,s=0;
        for(i=1;i<=h;i++)
                s=s+fact(i);
        return s;
}
main()
{
        int s;
        s=sum(10);
        printf("s=%d\n",s);
}
```

运行结果：输出"s=4037913"。

在程序中，函数 fact 和 sum 均为整型，都在主函数之前定义，故不必再在主函数中对 fact 和 sum 加以声明。在主程序中调用函数 sum，将实参 10 传递给形参 h，即 h=10。在函数 sum 中利用循环结构调用函数 fact 共 10 次，将实参 i 从 1 到 10 传递给形参 n，即 n=1、2、3、……、10 后，分别返回 1!、2!、3!、……、10! 给函数 sum，函数 sum 对返回值求和，然后返回结果给函数 main 后输出。

V8-7 函数递归调用

8.4.2 函数的递归调用

一个函数在它的函数体内调用它自身称为递归调用，这种函数称为递归函数。C 语言允许函数的递归调用，在递归调用中，主调函数又是被调函数。执行递归函数，将反复调用其自身，每调用一次就进入新的一层，为了防止递归调用无终止地进行，必须在函数内有终止递归调用的手段，常用的办法是加条件判断，满足某种条件后就不再进行递归调用，然后逐层返回。下面举例说明递归调用的执行过程。

【例 8.6】 利用函数递归调用实现程序设计，求 n!。

算法设计如下。
① 编写求阶乘的函数 fact。
② 判断 n=1 时，返回值 1。
③ 判断 n≥2 时，函数 fact 调用 n*fact(n-1)。
④ 编写主函数调用函数 fact。
调用过程如图 8.7 所示。

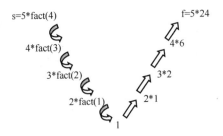

图 8.7 函数递归调用示意图

代码清单 8.7：

```
#include "stdio.h"
int fact(int n)
```

```
{
    if(n==1)
        return 1;
    else
        return n*fact(n-1);
}
main()
{   int s;
    s=fact(5);
    printf("s=%d\n",s);
}
```

运行结果:输出"s=120"。

8.5 数组作为函数参数

V8-8 数组作为函数参数

数组可以作为函数的参数进行数据传送。数组用作函数参数的形式有两种:一种是把数组元素(下标变量)作为实参使用;另一种是把数组名作为函数的形参和实参使用。

1. 数组元素作为函数实参

数组元素就是下标变量,它与普通变量并无区别。因此它作为函数实参使用与普通变量是完全相同的,在发生函数调用时,把作为实参的数组元素的值传送给形参,实现单向的值传送。

【例8.7】 判断一个数组中各元素的值,若大于零则输出该值,若小于等于零则输出0值。

代码清单8.8:

```
#include "stdio.h"
void nzp(int v)
{
    if(v>0)
        printf("%d ",v);
    else
        printf("%d ",0);
}
main()
{
    int a[5],i;
    printf("请输入五个数据:");
    for(i=0;i<5;i++)
    {
        scanf("%d",&a[i]);
        nzp(a[i]);
    }
}
```

运行结果如图8.8所示。

2. 数组名作为函数参数

函数定义时,形参应写成如下形式。

图8.8 【例8.7】运行结果

类型 函数名称(类型标识符 数组名称[])

例如 "void fun(int a[])"。

函数调用时，实参应写成如下形式。

函数名称(数组名称)

例如 "fun(a)"。

 说明

（1）函数定义时，数组名作为形参，需要添加类型标识符进行定义，不需要定义数组固定长度，但必须加上中括号[]，用以表示形参是数组。

（2）函数调用时，数组名作为实参，数组在函数调用之前已被定义，不需要添加类型标识符再进行定义，不需要定义数组固定长度，也不需要加上中括号[]。

【例8.8】 数组中存放了一名学生5门课程的成绩，求平均成绩。

代码清单8.9：

```c
#include "stdio.h"
float aver(float a[])
{
    int i;
    float av,s=a[0];
    for(i=1;i<5;i++)
        s=s+a[i];
    av=s/5;
    return av;
}
main()
{
    float s[5],av;
    int i;
    printf("请输入五门课的成绩:");
    for(i=0;i<5;i++)
        scanf("%f",&s[i]);
    av=aver(s);
    printf("平均成绩是%5.2f\n",av);
}
```

运行结果如图8.9所示。

图 8.9 【例8.8】运行结果

8.6 变量存储类别及作用域

变量按照作用域分为局部变量和全局变量，每个变量在定义数据类型之后，定义的位置决定了它的作用域。变量在内存中可存储在静态存储区和动态存储区，变量按照生存周期分为动态变量和静态变量。

8.6.1　局部变量与全局变量

变量有效性的范围称变量的作用域，C语言中所有变量都有自己的作用域，变量声明的方式不同，其作用域也不同。C语言中的变量按作用域范围可分为局部变量与全局变量。

V8-9　局部变量与全局变量

1. 局部变量

局部变量也称为内部变量。局部变量是在函数内进行定义声明的，其作用域仅限于函数内，离开该函数后再使用这种变量是非法的。

例如如下示例。

函数 f1：

```
int f1(int a)
{
    int b,c;
    ...
}
```

函数 f2：

```
int f2(int x)
{
    int y,z;
    ...
}
```

主函数 main：

```
main()
{
    int m,n;
    ...
}
```

在函数 f1 内定义了 3 个变量，a 为形参，b 和 c 为一般变量，在 f1 的范围内 a、b、c 有效，或者说 a、b、c 变量的作用域限于 f1 内。同理，x、y、z 的作用域限于 f2 内。m、n 的作用域限于 main 函数内。

关于局部变量的作用域还要说明以下几点。

（1）主函数中定义的变量也只能在主函数中使用，不能在其他函数中使用。同时，主函数中也不能使用其他函数中定义的变量。因为主函数也是一个函数，它与其他函数是平行关系。

（2）形参变量是属于被调函数的局部变量，实参变量是属于主调函数的局部变量。

（3）允许在不同的函数中使用相同的变量名，它们可以代表不同的对象，分配不同的单元，互不干扰，也不会发生混淆。

【例8.9】 识别局部变量的作用域和使用范围。

代码清单 8.10：

```
#include "stdio.h"
void f(int a,int b)
{
    int i,j;
    i=a+2;
    j=b-1;
    printf("函数f中:a=%d,b=%d\n",a,b);
    printf("函数f中:i=%d,j=%d\n",i,j);
}
main()
{
    int i=4,j=5;
    f(i,j);
    printf("主函数中:i=%d,j=%d\n",i,j);
}
```

运行结果如图 8.10 所示。

本程序中，主函数定义了两个变量 i 和 j，分别赋值为 4 和 5，通过函数调用传递给形参 a 和 b，即 a 值为 4，b 值为 5。函数 f 中定义了两个变量 i 和 j，通过运算后，i 值为 6，j 值为 4，所以函数 f 中输出结果为 a=4、b=5 和 i=6、j=4；而主函数中两个变量 i 和 j 的作用域仅在此函数中，和函数 f 中的两个变量 i 和 j 不相同，所以输出结果为 i=4、j=5。

图 8.10 【例 8.9】输出结果

2. 全局变量

全局变量也称为外部变量，它是在函数外部定义的变量。它不属于哪一个函数，而属于一个源程序文件，其作用域是整个源程序。在函数中使用全局变量，一般应进行全局变量声明，只有在函数内经过声明的全局变量才能使用。全局变量的声明符为 extern。但在一个函数之前定义的全局变量，在该函数内使用可不再加以说明。

例如如下示例。

函数 f1:

```
int a,b; //外部变量
void f1()
{
    …
}
```

函数 f2:

```
float x,y; //外部变量
int f2()
{
    …
}
```

主函数 main:

```
main()
{
    …
}
```

从上例可以看出 a、b、x、y 都是在函数外部定义的外部变量，都是全局变量。但 x、y 定义在函数 f1 之后，而在 f1 内又无对 x、y 的声明，所以它们在 f1 内无效。a、b 定义在源程序最前面，因此在函数 f1、f2 及 main 内不加说明也可使用。

外部变量（即全局变量）是在函数的外部定义的，它的作用域为从变量定义处开始，到本程序文件的末尾。如果外部变量不在文件的开头定义，其有效的作用范围只限于定义处到文件终了。如果在定义点之前的函数想引用该外部变量，则应该在引用之前用关键字 extern 对该变量进行"外部变量声明"，表示该变量是一个已经定义的外部变量。有了此声明，就可以从"声明"处起，合法地使用该外部变量。

【例 8.10】 用 extern 声明外部变量，扩展变量的作用域举例。

代码清单 8.11:

```
#include "stdio.h"
void save()
{
    int money;
    extern amount;
    printf("请输入存款金额:");
    scanf("%d",&money);
    amount=amount+money;
}
int amount=10000;
main()
{
    save();
    printf("余额为:%d元\n",amount);
}
```

运行结果如图 8.11 所示。

本程序中，第 10 行定义了全局变量 amount，由于全局变量定义的位置在函数 save 之后，因此本来在 save 函数中不能引用全局变量 amount，但现在 save 函数中用 extern 对 amount 进行了"外部变量声明"，所以就可以从"声明"处起合法地使用该外部变量 amount。

图 8.11 【例 8.10】运行结果

【例 8.11】 输入圆的半径，求圆的周长和面积，利用定义全局变量实现程序设计。

代码清单 8.12：

```c
#include "stdio.h"
float s;
float ls(float r)
{
    float len;
    len=2*3.14*r;
    s=3.14*r*r;
    return len;
}
main()
{
    float c,r;
    printf("请输入圆的半径:");
    scanf("%f",&r);
    c=ls(r);
    printf("圆的周长为:%f\n",c);
    printf("圆的面积为:%f\n",s);
}
```

运行结果如图 8.12 所示。

图 8.12 【例 8.11】运行结果

本程序中，函数 ls 的功能是求圆的周长和面积，但函数通过 return 只返回周长的值，而圆的面积结果是通过全局变量 s 存储并输出。

【例 8.12】 局部变量与全局变量同名举例。

代码清单 8.13：

```c
#include "stdio.h"
int a=2,b=3;
int sum(int a,int b)
{
    int s;
    s=a+b;
    return s;
}
```

```
main()
{
    int a=4,s;
    s=sum(a,b);
    printf("s=%d\n",s);
}
```

运行结果：输出"s=7"。

本程序主函数中定义了局部变量 a，全局变量 a 失效，所以 a 值为 4；变量 b 为全局变量，所以 b 值为 3，相应值传递给形参 a 和 b 后进行加法运算，所以函数 sum 返回值为 7。

V8-10 动态变量
与静态变量

8.6.2 动态变量与静态变量

从另一个角度看，C 语言中的变量按生存周期（即存在的时间）来分，可以分为动态变量和静态变量。

1. 动态变量

函数中的局部变量，如不加以任何声明或者专门声明为 auto 存储类别，都是动态地分配存储空间的，数据存储在动态存储区中。函数中的形参和在函数中定义的变量都属此类，在调用该函数时，系统会给它们分配存储空间；在函数调用结束时，就自动释放这些存储空间。

例如如下示例。

```
int f(int a)
{auto int b,c=3;
  …
}
```

a 是形参，属于动态变量；b 和 c 是函数中定义的变量，也属于动态变量，对 c 赋初值 3。执行完函数 f 后，自动释放 a、b、c 所占的存储单元。

2. 静态变量

有时希望函数中的局部变量的值在函数调用结束后不消失而保留原值，这时就应该指定局部变量为"静态变量"，用关键字 static 进行声明。

（1）静态变量属于静态存储类别，在静态存储区内分配存储单元；在程序整个运行期间都不释放。而动态变量属于动态存储类别，占动态存储空间，函数调用结束后即释放。

（2）静态变量在编译时赋初值，即只赋初值一次；而对动态变量赋初值是在函数调用时进行，每调用一次函数重新给一次初值，就相当于执行一次赋值语句。

【例 8.13】 静态变量的使用及其值的变化举例。

代码清单 8.14：

```
#include "stdio.h"
f(int a)
{
    auto b=2;
```

```
    static c=3;
    b=b+1;
    c=c+1;
    return a+b+c;
}
main()
{
    int a=1,i;
    for(i=1;i<=3;i++)
        printf("第%d次调用后结果：%d\n",i,f(a));
}
```

运行结果如图 8.13 所示。

本程序中，第一次调用函数 f 时，a 的值为 1，b 的值为 2，c 的值为 3，通过运算后返回值为 8；第二次调用函数 f 时，a 的值为 1，b 重新被赋值为 2，c 为第一次函数调用时存储的结果值为 4，通过运算后返回值为 9；第三次调用函数 f 时，a 的值仍然为 1，b 再一次重新被赋值为 2，c 为第二次函数调用时存储的结果值为 5，通过运算后返回值为 10。

图 8.13 【例 8.13】运行结果

8.6.3　register 变量

为了提高效率，C 语言允许将局部变量的值放在 CPU 的寄存器中，这种变量叫"寄存器变量"，所以提高变量各种操作的运行速度，用关键字 register 进行声明。

（1）只有局部自动变量和形参可以作为寄存器变量。

（2）一个计算机系统中的寄存器数目有限，不能定义任意多个寄存器变量。

（3）局部静态变量不能定义为寄存器变量。

【例 8.14】　寄存器变量的使用及其值的变化举例。

代码清单 8.15：

```
#include "stdio.h"
int fac(int n)
{
    register int i,f=1;
    for(i=1;i<=n;i++)
        f=f*i;
    return f;
}
main()
{
    int i;
    for(i=1;i<=3;i++)
        printf("%d!=%d\n",i,fac(i));
}
```

运行结果如图 8.14 所示。

图 8.14 【例 8.14】运行结果

V8-11 内部函数
与外部函数

8.7 内部函数与外部函数

函数本质上是全局的，因为一个函数要被另外的函数调用，但是也可以指定函数不能被其他文件调用，根据函数能否被其他源文件调用，可将函数区分为内部函数和外部函数。

8.7.1 内部函数

如果一个函数只能被本文件中的其他函数所调用，它称为内部函数。内部函数又称静态函数，在定义内部函数时，在函数名和函数类型的前面加 static，形式为：

    static 类型标识符 函数名(形参表)

例如 "static int fun(int a，int b)"。

使用内部函数，可以使函数只局限于所在文件，如果在不同的文件中有同名的内部函数，互不干扰。这样不同的人可以分别编写不同的函数，而不必担心所用函数是否会与其他文件中函数同名。通常把只能由同一文件使用的函数和外部变量放在一个文件中，在它们前面都用 static 使之局部化，其他文件便不能引用。

【例 8.15】 使用内部函数解决两个文件中存在重名函数的问题。

代码清单 8.16：

文件 test0.c:　　　　　　　　　　　　　文件 test.c:

```
static int sum(int a,int b,int c)    #include "stdio.h"
{                                    int sum(int a,int b)
    int s;                           {
    s=a+b+c;                             int s;
    return s;                            s=a+b;
}                                        return s;
                                     }
                                     main()
                                     {
                                         int x,y,s;
                                         scanf("%d%d",&x,&y);
                                         s=sum(x,y);
                                         printf("s=%d\n",s);
                                     }
```

运行结果：输入 "2 3✓"，输出 "s=5"。

本程序中，文件 test.c 可以调用文件 test0.c 中的 sum 函数，但两个文件中都存在 sum 函数，函数重名，在 test0.c 中的 sum 函数前加上 static，使 sum 函数成为内部函数，就只能在文件 test0.c 中调用 sum 函数。

8.7.2 外部函数

在需要调用此函数的文件中，用 extern 声明所用的函数是外部函数。在定义函数时，如果在函数首部的最左端冠以关键字 extern，则表示此函数是外部函数，可供其他文件调用。如 "extern int fun (int a, int b)" 这样，函数 fun 就可以为其他文件调用。

C 语言规定，如果在定义函数时省略关键字 extern，则隐含为外部函数。本书前文示例所用的函数都是外部函数。

【例 8.16】 使用外部函数解决一个文件调用其他文件中的函数的问题。

代码清单 8.17：

文件 test0.c：　　　　　　　　文件 test.c：

```
extern int differ(int a,int b)      #include "stdio.h"
{                                   int sum(int a,int b)
    int z;                          {
    z=a-b;                              int s;
    return z;                           s=a+b;
}                                       return s;
                                    }
                                    main()
                                    {
                                        int x,y,s,z;
                                        scanf("%d%d",&x,&y);
                                        s=sum(x,y);
                                        printf("s=%d\n",s);
                                        z=differ(x,y);
                                        printf("z=%d\n",z);
                                    }
```

运行结果：输入 "2 3↙"，输出 s=5、z=-1。

本程序在 test0.c 中的 differ 函数前加上了 extern，使 differ 函数成为外部函数，使其在文件 test.c 中也可以被调用。

8.8　常见编译错误与解决方法

函数程序设计过程中常见的错误、警告及解决方法举例如下。

1. 使用库函数时，没有加相应的头文件

代码清单 8.18：

```
#include "stdio.h"
main()
{
    int x;
    double y;
    scanf("%d",&x);
    y=sqrt(x);
    printf("%lf\n",y);
}
```

显示警告：

> warning C4013: 'sqrt' undefined; assuming extern returning int

解决方法：在头文件中添加"#include "math.h""。

2. 自定义函数编写在 main 函数之后且使用前没有声明

代码清单 8.19：

```
#include "stdio.h"
main()
{
    int x,y;
    scanf("%d%d",&x,&y);
    sum(x,y);
}
void sum(int a,int b)
{
    int s;
    s=a+b;
    printf("s=%d\n",s);
}
```

显示错误和警告：

> warning C4013: 'sum' undefined; assuming extern returning int
> error C2371: 'sum' : redefinition; different basic types

解决方法：有两种，一种是将 sum 函数编写在 main 函数之前，另一种是在 main 函数中声明 sum 函数，即添加代码"void sum(int,int);"。

3. 实参和形参类型不一致

代码清单 8.20：

```
#include "stdio.h"
void sum(int a,int b)
{
    int s;
    s=a+b;
    printf("s=%d\n",s);
}
main()
{
    float x,y;
    scanf("%f%f",&x,&y);
    sum(x,y);
}
```

显示警告：

> warning C4244: 'function' : conversion from 'float' to 'int'

解决方法：将 main 函数中的 float 修改为 int，与 sum 函数形参 a 和 b 的类型一致。

4. 实参和形参数量不一致

代码清单 8.21：

```
#include "stdio.h"
```

```
void sum(int a,int b,int c)
{
    int s;
    s=a+b+c;
    printf("s=%d\n",s);
}
main()
{
    int x,y;
    scanf("%d%d",&x,&y);
    sum(x,y);
}
```

显示错误：

> error C2198: 'sum' : too few actual parameters

解决方法：将 sum 函数的形参 c 去掉，使其中的形参与 main 函数中的实参数量一致。

实例分析与实现

1. 实例分析

首先将账户金额定义为全局变量，然后编写密码验证函数、界面显示函数、余额查询函数、取款函数和存款函数，再编写主程序调用各个函数实现各种功能操作。具体操作流程如图 8.15 所示。

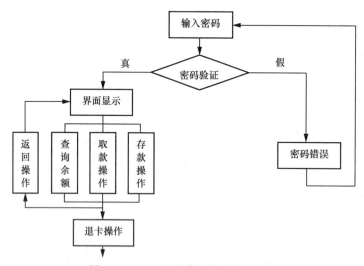

图 8.15　ATM 机操作程序设计流程图

具体算法如下。

① 定义全局变量，用于存储账户金额。

② 编写密码验证函数，采用双分支语句判断密码对错。

③ 编写界面显示函数，模拟 ATM 机界面。

④ 编写查询余额函数。

⑤ 编写取款函数，输入取款金额，计算余额。

⑥ 编写存款函数，输入存款金额，计算余额。

⑦ 在主函数中调用所编写的函数，模拟实现 ATM 机的取款操作。

2. 项目代码

代码清单 8.22:

```c
#include "stdio.h"
#include "stdlib.h"
//定义全局变量
int amount=10000;      //账户金额
//密码验证函数
int login(int pwd)
{
    if(pwd==123456)
        return 1;      //密码正确返回1
    else
        return 0;      //密码错误返回0
}
//界面显示函数
void show()
{
    printf("        中国建设银行ATM\n");
    printf("-------------------------------------\n");
    printf(" 1.查询余额 2.取款 3.存款 4.退卡 5.返回\n");
    printf("-------------------------------------\n");
}
//查询余额函数
void query()
{
   printf("账户余额:%d元\n",amount);
}
//取款函数
void draw()
{
    int money;
    printf("请输入取款金额:");
    scanf("%d",&money);
    amount=amount-money;
    printf("取款完成! \n");
}
//存款函数
void save()
{
    int money;
    printf("请输入存款金额:");
    scanf("%d",&money);
    amount=amount+money;
    printf("存款完成! \n");
}
main()
```

```
{
    int pwd,flag=1,select;
    printf("请输入密码:");
    scanf("%d",&pwd);
    if(login(pwd)==1)     //调用密码验证函数
    {
        system("cls");    //清屏
        show();             //调用界面显示函数
        while(flag==1)    //操作循环执行
        {
            printf("请输入操作选项:");
            scanf("%d",&select);
            switch(select)                          //判断选项
            {
                case 1:query();break;       //调用查询余额函数
                case 2:draw();break;        //调用取款函数
                case 3:save();break;        //调用存款函数
                case 4:flag=0;                  //终止while循环，退卡
                case 5:system("cls");show();//返回
            }
        }
    }
    else
        printf("密码错误，请重新输入!\n");
}
```

进阶案例——简单计算器设计

1. 案例介绍

简单计算器的功能包括加法、减法、乘法和除法，按照格式"1+2"最多可以输入 5 个算式，算式包括两个运算量和一个运算符，根据输入的运算符，可以计算出相应结果。例如，输入"5+2"，结果为"5.00+2.00=7.00"；输入"8-6"，结果为"8.00-6.00=2.00"；输入"2.3*4"，结果为"2.30*4.00=9.20"；输入"3/2"，结果为"3.00/2.00=1.50"，如图 8.16 所示。

2. 案例分析

首先编写加法函数、减法函数、乘法函数和除法函数，4 个函数采用无返回值有参数的形式编写，其中除法函数要考虑除数不能等于零的情况。然后编写主程序，主程序中按照算式格式输入算式，根据算式中的运算符调用相应函数，实现各种计算操作。

具体算法如下。

① 采用无返回值有参数的形式编写加法函数。

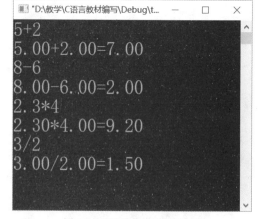

图 8.16　进阶案例输出结果

② 采用无返回值有参数的形式编写减法函数。

③ 采用无返回值有参数的形式编写乘法函数。

④ 采用无返回值有参数的形式编写除法函数，如果除数等于零，提示"零不能作为除数!"。

⑤ 主函数中定义 4 个变量，两个用于存储运算量，一个用于存储运算符，一个用于控制循环执行的次数。

⑥ 利用 scanf 函数按照算式格式输入算式。

⑦ 利用 switch 选择结构判断运算符，根据运算符调用相应计算函数。

3. 项目代码

代码清单 8.23：

```c
//加法函数
void add(float a,float b)
{
    printf("%.2f+%.2f=%.2f\n",a,b,a+b);
}
//减法函数
void sub(float a,float b)
{
    printf("%.2f-%.2f=%.2f\n",a,b,a-b);
}
//乘法函数
void mul(float a,float b)
{
    printf("%.2f*%.2f=%.2f\n",a,b,a*b);
}
//除法函数
void div(float a,float b)
{
    if(b==0)
        printf("零不能作为除数!\n");
    else
        printf("%.2f/%.2f=%.2f\n",a,b,a/b);
}
main()
{
    float x,y;       //两个运算量
    char r;          //运算符
    int i=1;
    printf("输入的算式格式为：1+2\n");
    while(i<=5)      //最多输入5个算式
    {
        scanf("%f%c%f",&x,&r,&y);
        switch(r)
        {
            case '+':add(x,y);break;     //调用add函数
            case '-':sub(x,y);break;     //调用sub函数
            case '*':mul(x,y);break;     //调用mul函数
            case '/':div(x,y);break;     //调用div函数
            default:printf("输入错误!\n");
```

```
    }
    i++;
  }
}
```

同步训练

一、选择题

1. 下列关于函数的叙述中正确的是（   ）。
   A. 每个函数都可以被其他函数调用（包括 main 函数）
   B. 每个函数都可以单独编译
   C. 每个函数都可以被单独运行
   D. 在一个函数内部可以定义另一个函数

2. 以下叙述错误的是（   ）。
   A. 变量作用域取决于变量定义语句的位置
   B. 全局变量可以在函数以外的任何部位进行定义
   C. 局部变量作用域可用于其他函数的调用
   D. 一个变量声明为 static 存储类别是为了限制其他函数的引用

3. 有以下函数定义。
   ```
   int fun(double a,double b)
   {return a*b;}
   ```
   若以下选项中所用变量都已正确定义并赋值，错误的函数调用是（   ）。
   A. if(fun(x,y)) {…}   B. z=fun(fun(x,y), fun(x,y));
   C. z=fun(fun(x,y), x,y);   D. fun(x,y);

4. 下列程序执行输出的结果是（   ）。
   ```
   #include "stdio.h"
   f(int a)
   {int b=0;
    static c=3;
    a=c++;b++;
    return(a);
    }
   main()
   {int a=2,i,k;
    for(i=0;i<2;i++)
     k=f(a++);
    printf("%d\n",k);}
   ```
   A. 3   B. 4   C. 5   D. 6

5. 以下叙述中不正确的是（   ）。
   A. 在不同的函数中可以使用相同名字的变量
   B. 函数中的形式参数是局部变量
   C. 在一个函数内定义的变量只在本函数范围内有效
   D. 在一个函数内的复合语句中定义的变量只在本函数范围内有效

6. 执行以下程序，输出结果是（　　　）。

```c
#include "stdio.h"
int m=13;
int fun(int x,int y)
{ int m=2;
  return(x*y-m);
}
main()
{ int a=7,b=6;
  printf("%d",fun(a,b)/m);
}
```

A. 1　　　　　　B. 3　　　　　　　C. 7　　　　　　D. 10

7. 下面说法正确的是（　　　）。

A. 调用函数时，实参不可以是表达式，必须是数值

B. 调用函数时，实参与形参共用内存单元

C. 调用函数时，将实参的值复制给形参，使实参变量和形参变量在数值上相等

D. 调用函数时，实参与形参的类型可不一致，编译器能够自动转换

二、填空题

1. C 语言中，凡未指定存储类别的局部变量的隐含存储类别是_____。

2. 主函数中的参数是_____，自定义函数中的参数是_____。

3. 函数参数传递包括_____和_____。

4. 找出 100~999 之间所有整数中各位数字之和为 x 的整数，符合条件的整数个数作为函数值返回，例如 x 值为 5，100~999 之间所有整数中各位数字之和为 5 的有 104、113、122、131、140、203、212、221、230、302、311、320、401、410 及 500，共 15 个。将程序补充完整。

```c
#include "stdio.h"
int fun(int x)
{  int n, s1, s2, s3, t;
   n=0;
   t=100;
   while(t<=_____){
    s1=t%10; s2=_____; s3=t/100;
    if(s1+s2+s3==_____)
    {  printf("%d ",t);
       n++;
    }
    t++;
   }
   return n;
}
main()
{
   int x=-1;
   while(x<0)
   {  printf("Please input(x>0): ");
      scanf("%d",&x);
   }
   printf("\nThe result is: %d\n",fun(x));
}
```

5. C 语言中，函数首部用关键字_____来说明某函数无返回值。

6. C 语言中，被调函数用_____语句将表达式的值返回给调用函数。

三、程序设计题

1. 编写函数实现，输入 3 个整数，寻找最大值。

2. 编写函数实现，输入两个整数 m 和 n，求最大公约数和最小公倍数。

3. 编写函数实现，输入一个整数，判断是否为素数（素数是只能被 1 和自身整除的数）。

技能训练

简单函数的应用　　　特殊函数的应用

第9章

编译预处理

学习目标

- 掌握宏定义预处理命令的作用和使用。
- 掌握文件包含的概念和使用。
- 了解条件编译的作用和形式。
- 掌握使用预处理命令优化程序的方法。
- 掌握预处理程序设计过程中常见的编译错误与解决方法。

实例描述——教务管理系统登录模块设计

在登录教务管理系统的时候，登录身份一般包括系统管理员、教师和学生。每一个身份的操作权限是不同的，系统管理员可以进行课程设置、成绩查询、成绩删除、成绩修改、信息汇总和权限设置等操作，教师可以进行成绩录入、成绩保存、成绩提交和生成报表等操作，而学生只能进行选课报名和成绩查询等操作。运行结果如图 9.1～图 9.3 所示。

图 9.1　系统管理员身份登录输出结果图

图 9.2　教师身份登录输出结果图

图 9.3　学生身份登录输出结果图

知识储备

C 语言允许在程序中使用几种特殊的命令，在 C 编译系统对程序进行通常的编译之前，先对程序中的这些特殊命令进行"预处理"，然后将预处理的结果和源程序一起再进行通常的编译处理，以得到目标代码。本章将针对宏定义、文件包含和条件编译等预处理功能进行详细的讲解。

9.1　宏定义

宏定义的目的是允许程序员以指定标识符代替一个较复杂的字符串。C 语言的宏定义分为简单宏定义与带参数的定义两种。

V9-1　不带参数的
宏定义

1. 不带参数的宏定义

格式：

```
#define 标识符 字符串
```

其中，#define 为预编译符；标识符称为"宏名"，通常使用大写英文字母和有直观意义的标识符命名，以区别于源程序中的其他标识符；字符串构成"宏体"，由 ASCII 字符集中的字符组成。

作用：指定标识符代替一个较复杂的字符串。

【例 9.1】　输入圆的半径，求圆的周长和面积。

代码清单 9.1：

```
#include "stdio.h"
#define PI 3.14
main()
{
    float l,s,r;
    printf("请输入半径:");
    scanf("%f",&r);
```

```
  l=2.0*PI*r;
  s=PI*r*r;
  printf("l=%.2f s=%.2f\n",l,s);
}
```

运行结果：输入"1.5↙"，输出"l=9.42 s=7.06"。

（1）宏名一般习惯用大写字母，例如宏名 PI。

（2）宏名用于代替一个字符串，不做语法检查，例如将主程序中的 PI 替换为 3.14。

（3）宏定义无须在末尾加";"。

（4）宏定义的有效范围为从定义之处到#undef 命令终止，若无#undef 命令，则有效范围到本文结束。

（5）在进行宏定义时，可以引用已定义的宏名。

【例 9.2】 输入圆的半径，求圆的周长和面积。

代码清单 9.2:

```
#include "stdio.h"
#define PI 3.14
#define R 1.5
#define L 2*PI*R
#define S PI*R*R
main()
{
  printf("l=%.2f s=%.2f\n",L,S);
}
```

运行结果：输出"l=9.42 s=7.06"。

2. 带参数的宏定义

格式：

```
#define 标识符（形式参数表） 字符串
```

其中，形参称为宏名的形参，构成宏体的字符串中应该包含所指的形参。

作用：宏替换时以实参替代形参。

V9-2 带参数的宏定义

【例 9.3】 输入圆的半径，求圆的周长和面积。

代码清单 9.3:

```
#include "stdio.h"
#define PI 3.14
#define  S(r)  PI*r*r
main( )
{
  float r1=1.5,area;
  area=S(r1);
  printf("r=%.2f,area=%.2f\n",r1,area);
}
```

运行结果：输出"r=1.50,area=7.06"。

3. 带参数的宏替换与函数的主要区别

（1）函数调用时，先求出实参的值，然后代入形参。而使用带参的宏只是进行简单的字符替换。

（2）函数调用是在程序运行时处理的，而宏替换则是在编译时进行的。

（3）宏替换不占运行时间，只占编译时间，而函数调用则占运行时间。

（4）函数中函数名及参数均有一定的数据类型，而宏不存在类型问题，宏名及其参数无类型。

9.2 文件包含

V9-3 文件包含

编译预处理的文件包含功能是一个程序通过#include命令把另外一个源文件的全部内容嵌入源程序中。编译预处理程序把#include命令行中所指定的源文件的全部内容放到源程序的#include命令行所在的位置，在编译时并不是作为两个文件联接，而是作为一个源程序编译，得到一个目标文件。

1. 格式

```
#include <文件名>或#include "文件名"
```

2. 作用

将指定的文件包含到本文件中来。

文件名使用尖括号括起与用双引号括起的作用不同，前者只在系统指定的标准目录下去查找被包含文件；后者先在源文件所在的目录中查找被包含文件，若找不到，再按系统指定的标准目录查找。

3. #include 命令的嵌套使用

当一个程序中使用#include命令嵌入一个指定的包含文件时，被嵌入的文件中还可以使用#include命令，又可以包含另外一个指定的包含文件。

【例9.4】 通过#include命令的嵌套实现求和1!+2!+3!+4!+5!。

代码清单9.4：

文件 test.c：

```
#include "stdio.h"
#include "test1.c"
main()
{
    int s;
    s=sum(5);
    printf("s=%d\n",s);
}
```

文件 test1.c：

```
#include "test2.c"
static int sum(int n)
{
    int i,s=0;
    for(i=1;i<=n;i++)
        s=s+fact(i);
    return s;
}
```

文件 test2.c：

```
static int fact(int n)
{
    int i,f=1;
    for(i=1;i<=n;i++)
        f=f*i;
    return f;
}
```

运行结果：输出"s=153"。

本程序中，文件test.c中通过文件包含#include "test1.c"，可以调用文件test1.c中的sum函数，文件test1.c中通过文件包含#include "test2.c"，可以调用文件test2.c中的fact函数。

9.3 条件编译

使用条件编译功能，可以为程序的调试和移植提供有力的机制，使程序具有可以适应不同系统和不同硬件设置的通用性和灵活性。

V9-4 宏定义的标识符作为编译条件

1. 使用宏定义的标识符作为编译条件

（1）形式一：

```
#ifdef 标识符
    程序段1
#endif
```

作用：如果所指定的标识符已经被#define 命令定义过，则在程序编译阶段只编译程序段1。

（2）形式二：

```
#ifdef 标识符
    程序段1
#else
    程序段2
#endif
```

作用：如果所指定的标识符已经被#define 命令定义过，则在程序编译阶段只编译程序段 1，否则编译程序段2。

（3）形式三：

```
#ifndef 标识符
    程序段1
#else
    程序段2
#endif
```

作用：如果所指定的标识符未被#define 命令定义过，则在程序编译阶段只编译程序段1，否则编译程序段2。

【例9.5】 宏定义的标识符作为编译条件举例。

代码清单9.5：

```
#include "stdio.h"
#define DEBUG
main()
{
    int x,y;
    x=2;
    y=3;
    x*=x+2;
    y/=y-2;
    #ifdef DEBUG
        printf("x=%d,y=%d\n",x,y);
    #endif
    printf("x+y=%d\n",x+y);
}
```

运行结果：

```
x=8,y=3
x+y=11
```

 如果将宏定义#define DEBUG 去掉，则运行结果只有"x+y=11"，不再输出 x 和 y 的结果。

2. 使用常量表达式的值作为编译条件

（1）形式一：

```
#if 表达式
    程序段1
#endif
```

作用：当所指定的表达式为真（非零）时就编译程序段1。

（2）形式二：

```
#if 表达式
    程序段1
#else
    程序段2
#endif
```

V9-5 常量表达式
的值作为编译条件

作用：当所指定的表达式为真（非零）时就编译程序段 1，否则编译程序段 2。可以事先给定一定条件，使程序在不同的条件下执行不同的功能。

【例 9.6】 常量表达式作为编译条件举例，将字符串转换为大写字母或者小写字母。

代码清单 9.6：

```
#include "stdio.h"
#define R 1
main()
{
    char web[50];
    int i=0;
    gets(web);
    while(web[i]!='\0')
    {
        #if(R==1)   //执行转换为小写字母的功能
        if(web[i]>='A'&&web[i]<='Z')      //判断大写字母
        {   web[i]=web[i]+32;             //转换为小写字母
            i++;
        }
        #else
        if(web[i]>='a'&&web[i]<='z')      //判断小写字母
        {   web[i]=web[i]-32;            //转换为大写字母
            i++;
        }
        #endif
    }
    puts(web);
}
```

运行结果：输入字符串"PROGRAM"，输出字符串"program"；如果将#define R 1改为#define R 2，输入字符串"program"，输出字符串"PROGRAM"。

总之，采用条件编译功能，可以减少被编译的语句，从而减少目标程序的长度，减少运行时间。

9.4　常见编译错误与解决方法

编译预处理程序设计过程中常见的错误、警告及解决方法举例如下：

1. 宏定义时在标识符和字符串之间多加了等于号"="

代码清单9.7：

```
#include "stdio.h"
#define PI=3.14
main()
{
    float l,s,r;
    printf("请输入半径:");
    scanf("%f",&r);
    l=2.0*PI*r;
    s=PI*r*r;
    printf("l=%.2f s=%.2f\n",l,s);
}
```

错误显示：

```
error C2008: '=' : unexpected in macro definition
```

解决方法：去掉等于号"="，将"#define PI=3.14"改为"#define PI 3.14"。

2. 宏定义的标识符作为编译条件时，忘记在结束时书写#endif

代码清单9.8：

```
#include "stdio.h"
#define DEBUG
main()
{
    int x,y;
    x=2;
    y=3;
    x*=x+2;
    y/=y-2;
    #ifdef DEBUG
        printf("x=%d,y=%d\n",x,y);
    printf("x+y=%d\n",x+y);
}
```

错误显示：

```
fatal error C1070: mismatched #if/#endif pair in file
```

解决方法："printf("x=%d,y=%d\n",x,y)"语句下一行加上"#endif"。

实例分析与实现

1. 实例分析

登录教务管理系统后，根据登录权限的不同，操作的功能也是不同的，通过宏定义，可以让宏的取值发生变化，进而控制登录权限。然后采用常量表达式作为条件编译的条件，控制执行不同的操作，宏的取值为 1 时，系统管理员登录执行相应操作；宏的取值为 2 时，教师登录执行相应操作；宏的取值为 3 时，学生登录执行相应操作。

具体算法如下。

① 定义宏常量。

② 宏取值为 1，显示系统管理员登录界面。

③ 宏取值为 2，显示教师登录界面。

④ 宏取值为 3，显示学生登录界面。

2. 项目代码

代码清单 9.9：

```
#include "stdio.h"
#define LOGIN 1
main()
{
  #if(LOGIN==1)
    printf("        欢迎系统管理员进入教务管理系统!\n");
    printf("-------------------------------------------\n");
    printf("* 按1-->课程设置          按2-->成绩查询 *\n");
    printf("* 按3-->成绩删除          按4-->成绩修改 *\n");
    printf("* 按5-->信息汇总          按6-->权限设置 *\n");
    printf("-------------------------------------------\n");
  #elif(LOGIN==2)
    printf("        欢迎教师进入教务管理系统!\n");
    printf("-------------------------------------------\n");
    printf("* 按1-->成绩录入          按2-->成绩保存 *\n");
    printf("* 按3-->成绩提交          按4-->生成报表 *\n");
    printf("-------------------------------------------\n");
  #else
    printf("        欢迎学生进入教务管理系统!\n");
    printf("-------------------------------------------\n");
    printf("* 按1-->选课报名          按2-->成绩查询 *\n");
    printf("-------------------------------------------\n");
  #endif
}
```

进阶案例——寻找水仙花数

1. 案例介绍

所谓"水仙花数"，是指一个 3 位数，也就是介于 100 到 999 之间，满足其各位数字立方和等于该数本身的数。例如，153 是"水仙花数"，因为 $153=1^3+5^3+3^3$。在程序设计过程中，可以采用文件包含的方式，编写 3 个文件，通过互相调用实现该案例。输出结果如图 9.4 所示。

2．案例分析

首先编写主函数，文件命名为 test.c，并在头部加上文件包含#include "test1.c"，利用 for 循环语句控制循环从 100 到 999 多次调用 daff 函数。然后编写 daff 函数，文件命名为 test1.c，并在头部加上文件包含#include "test2.c"，在函数体中求出某个数字的个位、十位和百位，再去调用 cub 函数。最后编写 cub 函数，文件命名为 test2.c，

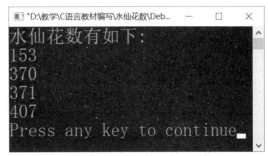

图 9.4　进阶案例输出结果

在函数体中判断输入的数每一位数字的立方和是否等于其本身，如果满足条件，返回值 1，否则返回值 0。注意函数头部前面加上 static，目的是其他文件中只有通过加入文件包含才能使用该函数。

具体算法如下。

① 编写主函数，利用循环语句控制循环从 100 到 999 多次调用 daff 函数。

② 编写 daff 函数，求出某数的个位、十位和百位，调用 cub 函数，如果接收的值为 1，则打印该水仙花数。

③ 编写 cub 函数，如果某数各位的立方和等于其本身，则返回值 1，否则返回值 0。

3．项目代码

代码清单 9.10：

文件 test.c：

```c
#include "stdio.h"
#include "test1.c"
main()
{
    int n;
    printf("水仙花数有如下:\n");
    for(n=100;n<=999;n++)
        daff(n);
}
```

文件 test1.c：

```c
#include "test2.c"
static void daff(int n)
{
    int g,s,b;
    g=n%10;
    s=n/10%10;
    b=n/100;
    if(cub(g,s,b,n)==1)
        printf("%d\n",n);
}
```

文件 test2.c：

```c
static int cub(int g,int s,int b,int n)
```

```
{
        if(g*g*g+s*s*s+b*b*b==n)
            return 1;
        else
            return 0;
}
```

同步训练

一、选择题

1. 以下有关宏替换的叙述不正确的是（   ）。
   A. 使用宏定义可以嵌套
   B. 宏定义语句不进行语法检查
   C. 双引号中出现的宏名不替换
   D. 宏名必须用大写字母表示

2. 若有以下宏定义。
   ```
   #define N 2
   #define f(n) ((N+1)*n)
   ```
   则执行语句"a=3*(N+f(5));"后的结果是（   ）。
   A. 语句有错误   B. a=51   C. a=80   D. a 无定值

3. 以下叙述中不正确的是（   ）。
   A. 预处理命令行都必须以#号开始，结尾不加分号
   B. 在程序中凡是以#号开始的语句行都是预处理命令行
   C. C 程序在执行过程中对预处理命令进行处理
   D. 预处理命令可以放在程序中的任何位置

4. 以下程序的输出结果是（   ）。
   ```
   #include<stdio.h>
   #define F(x) 2.84+x
   #define w(y) printf("%d",(int)(y))
   #define P(y) w(y)
   main()
   { int x=2;
     P(F(5)*x);
   }
   ```
   A. 12   B. 13   C. 14   D. 16

5. 以下说法正确的是（   ）。
   A. 宏定义是 C 语句，要在行末加分号
   B. 可以使用#undefine 提前结束宏名的使用
   C. 在进行宏定义时，宏定义不能嵌套
   D. 双引号中出现的宏名也要进行替换

6. 有以下程序。
   ```
   #define F(X,Y) (X)*(Y)
   main()
   { int a=3, b=4;
     printf("%d\n", F(a++, b++));
   }
   ```

程序运行后的输出结果是（　　　）。

    A. 12   B. 15   C. 16   D. 20

二、填空题

1. C 语言提供的预处理功能主要有＿＿＿＿、＿＿＿＿、＿＿＿＿。

2. C 语言规定预处理命令必须以＿＿＿＿开头。

3. 预处理命令不是 C 语句，不必在行末加＿＿＿＿。

4. 以头文件 stdio.h 为例，文件包含的两种格式为＿＿＿＿和＿＿＿＿。

5. 定义宏的关键字是＿＿＿＿。

三、程序设计题

1. 定义一个带参的宏，求两个整数的余数，通过宏调用，输出求得的结果。

2. 输入一个整数 m，判断它能否被 3 整除。要求利用带参的宏实现。

3. 用条件编译方法实现，将一行电报加密，每个字母变为下一个字母（a 变为 b，a 变为 c，…，z 变为 a），例如输入字符串"sizeof"，加密后输出"tjafpg"。用命令来控制是否要加密，例如"#define CHANGE 1"，则加密后输出；"#define CHANGE 0"，则按照原码输出。

第四篇
高级应用

第10章

指针

学习目标

- 掌握指针的定义、初始化及引用方法。
- 掌握利用指针来引用单个变量的使用方法。
- 掌握利用指针来引用数组的使用方法。
- 掌握利用指针来引用字符串的使用方法。
- 掌握将指针作为函数参数的使用方法。
- 掌握C语言程序设计中使用指针时常见的编译错误与解决方法。

实例描述——求一名同学所有课程的平均成绩

某位同学参加了 10 门课程考试，输入该同学 10 门课程的成绩，求该同学 10 门课程的平均成绩。程序设计过程中，要求定义一个函数，用指针操作实现数组中元素的平均值。函数原型可声明为"double average(int *p,int n)"，参数为指针变量 p 指向整型数组，n 为数组中元素的个数，并在主函数中调用该函数。运行结果如图 10.1 所示。

图 10.1　实例运行结果

知识储备

指针是 C 语言中非常特殊的一种数据类型，正确而灵活的运用指针，可以使程序简洁、紧凑、高效。本章将针对指针的概念、指针的运算以及指针的相关应用进行详细的讲解。

10.1　指针的概念及引用

前文介绍了 C 语言中最常用的基本数据类型——整型类型、实型类型和字符型类型，掌握了这些数据类型，用户可以解决 C 语言中所遇到的大多数问题。

在 C 语言中，还有一种较为特殊的数据类型——指针类型，简称指针。指针是 C 语言中使用较为广泛的一种数据类型，利用指针变量可以表示各种数据结构，能很方便地使用数组和字符串，并能像汇编语言一样处理内存地址，从而编出精练而高效的程序。指针极大地丰富了 C 语言的功能。因此，必须深入地学习和掌握指针的概念，应该说，不掌握指针，就是没有掌握 C 语言的精华。

指针也是 C 语言中最难的一部分，在学习中除了要正确理解基本概念，还必须要多思考，多编程练习，多上机调试，只要做到这些，指针也是不难掌握的。

V10-1　指针与指针
变量

10.1.1　指针的概念

在 C 语言中，所有数据都必须存放在存储器中，一般把存储器中的一个字节称为一个存储单元。不同类型的数据所占用的存储单元不同，如在 VC++ 6.0 系统中，int 型数据占连续的 4 个字节，char 型数据占一个字节，float 型数据占连续的 4 个字节，double 型数据占连续的 8 个字节。为了方便对内存进行操作，每个存储单元都有一个内存编号，这个编号即称为"内存单元地址"。

程序中定义了一个变量，系统会根据变量的类型为该变量分配相应字节的内存空间。变量在内存空间里存放的数据称为"变量的值"。而系统为变量分配的存储空间的首个存储单元的地址称为"变量的地址"。

通过取地址运算符"&"可以求得内存中变量的地址，其格式为"&变量名"，"&"是单目运算符，结合方向为右结合。

利用存储空间的地址，可以访问存储空间，从而获得存储空间的内容。地址就好像是一个路标，指向存储空间，因此，又把地址形象地称为指针。

【例 10.1】　指针应用举例。

代码清单 10.1：

```
#include "stdio.h"
main()
```

```
{
    char ch='A';
    int t=12;
    double f=9.8;
    int a[3]={3,5,7};
    printf("字符型变量ch的地址为%p\n",&ch);
    printf("整型变量t的地址为%p\n",&t);
    printf("实型变量f的地址为%p\n",&f);
    printf("整型数组a的地址为%p\n",a);
}
```

运行结果如图 10.2 所示。

图 10.2 【例 10.1】运行结果

（1）取变量的地址要在变量名前加取地址运算符 "&"。如 &ch、&t、&f 分别可以得到字符型变量 ch、整型变量 t、双精度实型变量 f 的地址。

（2）变量的地址输出时可以使用格式修饰符 "%p"。%p 通常表示采用十六进制形式显示某变量的内存地址，十六进制前缀 "0x" 或 "0X" 不会显示。值得注意的是，计算机系统根据内存使用情况随机给变量分配内存空间，所以不同计算机显示的结果也许会不同。

（3）在 C 语言中，数值名代表数组的地址。整型数组 a 一共占连续的 12 个字节空间，整型数组 a 的地址就是 a，当然也可以用数组中第 1 个元素 a[0] 的地址 &a[0] 来表示。a 和 &a[0] 等价。

（4）在 C 语言中，变量的地址是由编译系统随机分配的，用户不知道变量的具体地址，但可以通过 printf 函数和 %p 来查看变量的具体地址。

10.1.2 指针变量

在 C 语言中，除了用于存放数据的变量（普通变量）外，还有一种特殊的变量，专门用来存放地址，即指针变量，也可以简称为指针。指针变量的值只能是地址，不可以存放其他类型的数据。

10.1.3 指针变量的指向

若指针变量 p 中存放的是变量 a 的地址，则称指针变量 p 指向变量 a。这样，对变量 a 的访问就有两种方式，一是直接访问，即通过变量名 a 来访问；二是间接访问，即通过指向变量 a 的指针变量 p 来访问。

V10-2 指针变量的
定义与引用

10.2 变量的指针和指向变量的指针变量

指针变量也是变量，是只能存放地址的一个变量，与其他变量一样，使用前必须先定义。

10.2.1　定义一个指针变量

对指针变量的定义包括如下 3 个内容。

（1）指针类型说明，即定义变量为一个指针变量。

（2）指针变量名。

（3）指针变量所指向的变量的数据类型。

定义一个指针变量的一般形式为

```
类型说明符　*变量名；
```

其中，"*"表示这是一个指针变量，不可省略；变量名即为定义的指针变量名，其命名规则必须符合标示符的命名规则；类型说明符表示该指针变量所指向的变量的数据类型。

【例 10.2】　int *p;

p 是指向整型变量的指针变量，它的值是某个整型变量的地址；或者说 p 指向一个整型变量。至于 p 究竟指向哪一个整型变量，应由向 p 赋予的地址来决定。

【例 10.3】

```
int *pr;          //pr是指向整型变量的指针变量
float *pt;        //pt是指向单精度实型变量的指针变量
char *p,*q;       //p、q是指向字符型变量的指针变量
```

应该注意的是，一个指针变量只能指向同类型的变量，如 pt 只能指向单精度实型变量，不能时而指向一个单精度实型变量，时而又指向一个字符型变量。

10.2.2　确定指针变量的指向

指针变量同普通变量一样，使用之前不仅要定义声明，而且必须赋予具体的值。未经赋值的指针变量不能使用，否则将造成系统混乱，甚至死机。指针变量的赋值只能赋予地址，决不能赋予任何其他数据，否则将引起错误。

确定指针变量的指向有以下两种方法。

1.　给指针变量赋值

【例 10.4】　int a=3,b=7,*p,*q;

```
p=&a; //p中存放的是变量a的地址，确定指针变量p指向整型变量a
q=&b; //q中存放的是变量b的地址，确定指针变量q指向整型变量b
```

2.　给指针变量初始化

【例 10.5】　char a='B',*p=&a;　　　　　//p 中存放的是变量 a 的地址

先定义字符型变量 a，再定义指针变量 p，并用变量 a 的地址&a 来初始化 p，使 p 指向字符型变量 a。

10.2.3　指针变量的引用

1.　指向运算符

使用格式为 "*指针变量名"，其中 "*" 为指向运算符，是单目运算符，结合方向为右结合。

作用：求运算符后面的指针变量所指向的变量的值，即指针变量所指向的存储空间的内容。

运算符"*"后面必须是指针变量，而不能是普通变量。

2. 引用指针变量指向的变量

【例 10.6】 求两个整数的和。

代码清单 10.2：

```
#include "stdio.h"
main()
{
    int a=7,b=9,*p;
    p=&a;
    *p=*p+b;
    printf("%d,%d\n",a,*p);
}
```

运行结果如图 10.3 所示。

图 10.3 【例 10.6】运行结果

指针变量 p 中存放的是整型变量 a 的地址，所以*p 是 p 指向的变量，即 a。*p 与 a 等价。

10.2.4 指向变量的指针变量程序举例

【例 10.7】 采用指针变量对两个整数进行从小到大排序。

代码清单 10.3：

```
#include "stdio.h"
main()
{
    int a,b,*t,*p,*q;
    p=&a;
    q=&b;
    printf("请输入两个整数：");
    scanf("%d%d",p,q);
    if(*p>*q)
    {
```

```
        t=p;
        p=q;
        q=t;
    }
    printf("两个整数从小到大排序为：%d, %d\n",*p,*q);
}
```

运行代码，输入数据"7 3"后结果显示如图10.4所示。

图 10.4 【例 10.7】运行结果

（1）指针变量 p、q 中分别存放的是整型变量 a、b 的地址，"scanf("%d%d",p,q);"和 "scanf("%d%d",&a,&b);"等价。

（2）运行程序，输入"7 3"后，a 的值是 7，b 的值是 3，p 指向 a，q 指向 b，如图 10.5 所示。如果条件*p>*q 成立，交换 p、q 的值，p 指向 b，q 指向 a，如图 10.6 所示。

（3）if 语句执行前，p 指向 a，q 指向 b；if 语句执行后，p 指向 b，q 指向 a。换句话说，就是交换了 p、q 的值，就改变了 p、q 的指向。

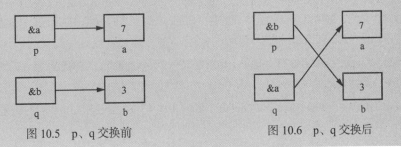

图 10.5　p、q 交换前　　　　　　　　　　图 10.6　p、q 交换后

10.3　数组指针和指向数组的指针变量

V10-3　指针与一维数组

前文介绍了单个变量的指针和指向单个变量的指针变量，如果指针变量中存放的是单个变量的地址，就可以使用指针变量来间接引用单个变量。那么如何使用指针变量来引用数组呢？一个数组包含若干元素，每个元素都在内存中占用存储空间，每个元素都有相应的地址。所谓数组的地址，是指数组的起始地址，也就是第一个元素的地址；数组元素的地址是每个数组元素的地址。

【例 10.8】　数组指针举例。

代码清单 10.4：

```
#include "stdio.h"
main()
{
```

```
        char a[2];
        float b[3];
        double c[2];
        printf("字符型数组a的首地址为%p\n",a);
        printf("字符型数组a的各元素地址为%p,%p\n",&a[0],&a[1]);
        printf("单精度浮点数组b的首地址为%p\n",b);
        printf("单精度浮点数组b的各元素地址为%p,%p,%p\n",&b[0],&b[1],&b[2]);
        printf("双精度浮点数组c的首地址为%p\n",c);
        printf("双精度浮点数组c的各元素地址为%p,%p\n",&c[0],&c[1]);
}
```

运行结果显示如图 10.7 所示。

图 10.7 【例 10.8】运行结果

（1）数组在内存中占据的内存空间必须是连续的一块空间。字符型数组 a 在内存中占据两个字节的连续内存单元，单精度浮点数组 b 在内存中占据 12 个字节的连续内存单元，双精度浮点数组 c 在内存中占据 16 个字节的连续内存单元。

（2）数组的地址是指数组的起始地址，也就是第一个元素的地址。字符型数组 a 的地址为&a[0]，单精度浮点数组 b 的地址为&b[0]，双精度浮点数组 c 的地址为&c[0]。

（3）在 C 语言中，数值名代表数组的地址，即 a 和&a[0]等价，b 和&b[0]等价，c 与&c[0]等价。

10.3.1　定义一个指针变量指向一维数组

定义指向一维数组的指针变量的一般形式为

类型说明符　*变量名;

其中，"*"表示这是一个指针变量，不可省略；变量名即为定义的指针变量名，其命名规则必须符合标示符的命名规则；类型说明符表示该指针变量所指向的一维数组的数据类型。

【例 10.9】　int a[3],*p;　//定义一维整型数组 a，指针变量 p

p=&a[0];　　//让 p 指向一维整型数组 a

p 是一个指针变量，它的值是某个整型变量的地址，也可以是整型数组的地址。"p=&a[0];"和"p=a;"等价，表示 p 指向一维数组 a，也就是 p 指向一维数组 a 的第 1 个元素。

【例 10.10】　char b[4];　//定义一个字符型数组 b

char *q=b;　　//让指向字符型数组 b

"q=&b[0];"和"q=b;"等价，表示 q 指向一维字符型数组 b，也就是 q 指向一维数组 b 的第 1 个元素。

10.3.2 一维数组元素的表示法

引用数组元素可以用下标法，还可以用地址法和指针法。地址法是通过数组元素的地址来引用数组元素，指针法是通过定义一个指针变量指向数组元素来引用数组元素。

1. 地址法

对于一维数组 a，在 C 语言中，数组名 a 代表数组在内存中的起始地址，也就是第 1 个元素的地址，即 a 与&a[0]等价；a+i 代表元素 a[i]的地址，即 a+i 与&a[i]等价；a+i 所指向的地址的内容就是 a[i]，即*(a+i)与 a[i]等价。

因此，一维数组 a 中的元素 a[i]用地址法可表示为*(a+i)。

由于 a+i 代表 a[i]在内存中的地址，在对数组元素 a[i]进行操作时，系统内部实际上是按数组的首地址（a 的值）加上位移量 i 找到 a[i]在内存中的地址，然后找出该存储空间的内容，即 a[i]的值。

2. 指针法

设 a 是一维数组，p 是一个指针变量。

若 p 的初值为 a（或者&a[0]），则 p 指向数组元素 a[0]，p+i 指向数组元素 a[i]，因此，*(p+i)就是 a[i]，所以数组元素 a[i]可以用指针表示为*(p+i)。

数组元素 a[i]又可以用 p 表示为带下标的形式 p[i]。

访问一维数组元素的方法可归纳为表 10.1。

表 10.1 访问一维数组元素的方法

引用一维数组元素的地址		引用一维数组元素的值	
下标法	地址法/指针法	下标法	地址法/指针法
&a[i]	a+i	a[i]	*(a+i)
&p[i]	p+i	p[i]	*(p+i)

10.3.3 指针变量的运算

1. 指针的移动

指针变量初始化后，可以通过与一个整数进行加减运算来移动指针。例如，如果 p 是一个指针变量，初始化后让它指向数组的某个元素，则可以移动指针 p 的运算包括 p+n、p-n、p++、++p、p--、--p。进行加法运算时，表示 p 向地址增大的方向移动；进行减法运算时，表示 p 向地址减小的方向移动，移动的具体长度取决于指针指向的数据类型。设 p 是指向 type（type 代表类型关键字，如 char、int、float 等）类型的指针，n 是整型表达式，则 p±n 为一个新地址，其值为 p±n×sizeof(type)，即在 p 的基础上增加或减少了 n×sizeof(type)个字节。若指针的移动仅仅是 1 个 sizeof(type)，则常用运算符++或--来实现，该运算在数组中比较常用。

【例 10.11】 移动指针举例。

代码清单 10.5：

```
#include "stdio.h"
main()
```

```
{
    int a[10],*p;
    p=a;
    p=p+2;
    printf("%p\n",a);
    printf("%p\n",p++);
    printf("%p\n",++p);
}
```

运行结果如图 10.8 所示。

图 10.8 【例 10.11】运行结果

 说明

（1）"p=a;"表示 p 的初始值为 a（数组名 a 表示数组的地址），即 p 指向数组 a 的第 1 个元素 a[0]。

（2）"p=p+2;"表示 p 的值变成了 a+2，即 p 指向数组 a 的第 3 个元素 a[2]。

（3）"printf("%p\n",a);"表示先按十六进制打印出 a 的值，即整型数组 a 的地址，也就是第 1 个元素 a[0]的地址。

（4）"printf("%p\n",p++);"表示先按十六进制打印出 p 的值，即 a[2]的地址；再让 p 的值指向下一个元素 a[3]，即在 p 值上增加 4 个字节。

（5）"printf("%p\n",++p);"表示先让 p 的值指向下一个元素 a[4]，即在 p 值上又增加 4 个字节；再按十六进制打印出 p 的值，即 a[4]的地址。

2. 同类型指针变量之间的运算

指向同一数组的两个指针变量之间可以运算。

（1）两个指针变量相减

两个指针变量相减之差即是两个指针之间的相对距离（相差数据元素个数），实际上是两个指针值（地址）相减之差再除以该数据元素的长度（字节数）。

两个指针变量不能做加法运算，做加法运算毫无实际意义。

【例 10.12】 两个指针变量相减举例。

代码清单 10.6：

```
#include "stdio.h"
main()
{
    int a[10],*p1,*p2;
    p1=&a[2];
    p2=&a[5];
    printf("%p\n",p1);
```

```
        printf("%p\n",p2);
        printf("%d\n",p2-p1);
}
```
运行结果如图 10.9 所示。

图 10.9 【例 10.12】运行结果

说明

（1）"p1=&a[2];" 表示 p1 的初始值为 a[2]的地址，即 p1 指向数组 a 的第 3 个元素 a[2]。

（2）"p2=&a[5];" 表示 p2 的初始值为 a[5]的地址，即 p2 指向数组 a 的第 6 个元素 a[5]。

（3）"printf("%p\n",p1);" 表示按十六进制打印出 p1 的值，输出结果为 0012FF60（十六进制）。

（4）"printf("%p\n",p2);" 表示按十六进制打印出 p2 的值，输出结果 0012FF6C（十六进制）。

（5）"printf("%d\n",p2-p1);" 输出为 3，表示 p1 与 p2 相差 3 个元素，p2-p1 的结果为
(0x12FF6C-0x12FF60)/4=3。

（2）两个指针变量的关系运算

指向同一数组的两个指针变量进行关系运算可表示它们所指数组元素之间的关系。

【例 10.13】 两个指针变量的关系运算举例。

代码清单 10.7：

```
#include "stdio.h"
#define N 10
main()
{
        int a[N]={1,2,3,4,5,6,7,8,9,10},*p,sum=0;
        p=a;
        for(;p-a<N;p++)
                sum+=*p;
        printf("%d\n",sum);
}
```
运行结果如图 10.10 所示。

图 10.10 【例 10.13】运行结果

说明

（1）在循环语句的循环条件表达式 "p-a<N" 中，p 是指针变量，也是循环变量，通过 p++ 来访问到每一个数组元素，累加求和；而 a 是指针常量，它的值是数组的首地址，p-a 的值是当前循环访问到的数组元素的下标。"p-a<N" 与 "p<a+N" 等价。

（2）指针变量还可以与 0 比较。设 p 为指针变量，则"p==0"表示 p 是空指针，它不指向任何变量；"p! =0"表示 p 不是空指针。

（3）如果 p1、p2 是两个指针变量，分别指向数组 a 的不同元素，则"p1==p2"表示 p1 和 p2 指向同一数组元素；"p1>p2"表示 p1 处于高地址位置；"p1<p2"表示 p1 处于低地址位置。

10.3.4 指向一维数组的指针变量程序举例

【例 10.14】 求数组中的最大值。

1. 下标法

代码清单 10.8：

```
#include "stdio.h"
#define N 10
main()
{
    int a[N],i,max;
    printf("请输入%d个数据: ",N);
    for(i=0;i<N;i++)
        scanf("%d",&a[i]);
    max=a[0];
    for(i=0;i<N;i++)
        if(max<a[i])
            max=a[i];
    printf("最大值为%d\n",max);
}
```

2. 地址法

代码清单 10.9：

```
#include "stdio.h"
#define N 10
main()
{
    int a[N],i,max;
    printf("请输入%d个数据: ",N);
    for(i=0;i<N;i++)
        scanf("%d",a+i);
    max=*a;
    for(i=0;i<N;i++)
        if(max<*(a+i))
            max=*(a+i);
    printf("最大值为%d\n",max);
}
```

3. 指针法

代码清单 10.10：

```
#include "stdio.h"
```

```
#define N 10
main()
{
    int a[N],max;
    int *p;
    printf("请输入%d个数据: ",N);
    for(p=a;p<a+N;p++)
            scanf("%d",p);
    max=*a;
    for(p=a;p<a+N;p++)
            if(max<*p)
                    max=*p;
    printf("最大值为%d\n",max);
}
```

运行代码，并输入数据后三种方法的结果均如图 10.11 所示。

图 10.11 【例 10.14】运行结果

 一维数组中可以采用下标法、地址法和指针法来引用其中的任意一个元素；需要注意的是，下标和指针可能发生了变化，如 i++、p++，在使用前一定要明确。

10.4 字符串指针和指向字符串的指针变量

V10-4 指针与字
符数组

按照前文所学知识，字符指针可以指向字符变量，但是在实际应用中，也可以让字符指针指向一个字符串，该字符串可以是一个常量字符串，也可以是一个存储字符串的字符数组。

10.4.1 字符串的存储和运算

在 C 语言中，可以用两种方法访问一个字符串。

1. 用字符数组实现

【例 10.15】 用字符数组存储和运算字符串举例。

代码清单 10.11:

```
#include "stdio.h"
main()
{
    char string[20]="I love China!";
    printf("%s\n",string);
```

```
        printf("%s\n",string+7);
}
```

运行结果如图 10.12 所示。

语句 "char string[20]="I love China!";" 定义了一个一维字符数组 string，数组中存放了一个字符串"I love China!"。string 是数组名，代表字符数组的首地址，也就是第1个元素string[0]的地址，string+7是第8个元素string[7]的地址。将数组名 string 和数组下标 i 结合起来可以访问任意一个元素，如 "s[i]" 与 "*(s+i)" 等价，是同一个元素；"&s[i]" 与 "s+i" 等价，是同一个元素的地址。例如：

图 10.12 【例 10.15】运行结果

```
char string[20]="I love China!";
```
不能写成
```
char string[20];
string="I love China!";
```

2. 用字符指针实现

【例 10.16】 用字符指针存储和运算字符串举例。

代码清单 10.12：

```
#include "stdio.h"
main()
{
    char *p="I love China!";
    printf("%s\n",p);
    printf("%s\n",p+7);
}
```

运行结果如图 10.13 所示。

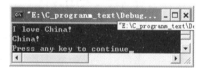

图 10.13 【例 10.16】运行结果

语句 "char *p="I love China!";" 定义了一个字符指针变量 p，将字符串"I love China!"的首地址赋值给 p，使字符指针变量 p 指向字符串的第一个元素。例如：

```
char *p="I love China!";
```
等效于
```
char *p;
p="I love China!";
```

10.4.2 字符指针变量与字符数组的区别

用字符数组和字符指针变量都可实现字符串的存储和运算，但是两者是有区别的，在使用时应注意以下几个问题。

（1）字符串指针变量本身是一个变量，用于存放字符串的首地址，而字符串本身是以 "\0" 作为结束并存放在以该首地址为首的一块连续的内存空间中的串。字符数组是由若干个数组元素组成的，它可用来直接存放整个字符串，不一定有结束标志"\0"。

（2）对字符串指针方式运算语句

```
char *ps="C Language";
```

可以写为

```
char *ps;
ps="C Language";
```

而数组方式运算语句

```
char st[]={"C Language"};
```

不能写为

```
char st[20];
st={"C Language"};
```

而只能对字符数组的各元素逐个赋值：st[0]= 'C'；st[1]= ' '；st[2]= 'L'；…

（3）当一个指针变量在未取得确定地址前使用是危险的，容易引起错误。但是对指针变量直接赋值是可以的。因为 C 语言对指针变量赋值时会给以确定的地址。因此，

```
char *ps="C Langage";
```

或者

```
char *ps;
ps="C Language";
```

都是合法的。

（4）字符指针在接收键盘输入字符串时，必须先开辟存储空间。对于字符数组 str[20]可以用语句 "scanf("%s",str);" 进行输入。而对于字符指针 p 则不能直接用语句 scanf("%s",p);进行输入，必须要先给 p 开辟存储空间才可以。即

```
char p,str[20];
p=str;
scanf("%s",p);
```

才是正确的。

从以上几点可以看出字符串指针变量与字符数组在使用时的区别，同时也可看出使用指针变量更加方便，更加高效。

10.4.3 指向字符串的指针变量程序举例

【例10.17】 用字符指针实现求字符串长度。

代码清单 10.13:

```
#include "stdio.h"
main()
{
    char str[100],*p;
    int k=0;
    p=str;
    printf("请输入一个字符串：");
    gets(p);
    for(;*p!='\0';p++)
        k++;
    printf("该字符串的长度为%d\n",k);
}
```

运行代码并输入数据后结果如图 10.14 所示。

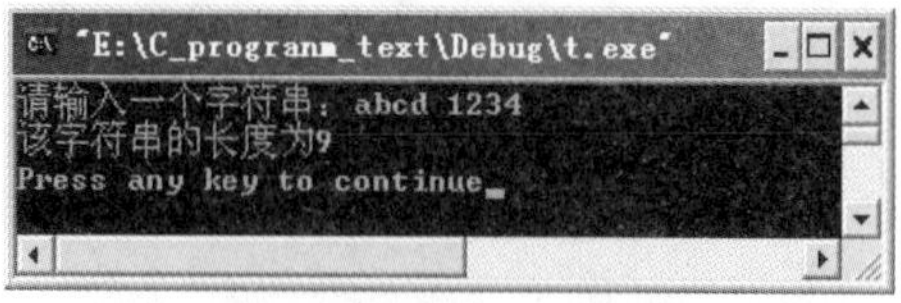

图 10.14 【例 10.17】运行结果

（1）k为整数，用来存放字符串实际字符的个数，初始值为 0。

（2）p为字符指针变量，初始化后指向字符数组 str 的首地址。

（3）"gets(p)"与"gets(str)"等价，从键盘上接收一个字符串，可以包含空白字符。

（4）"for(;*p!= '\0';p++) k++;"用来统计字符串的实际字符个数。"*p!= '\0'"用来判断字符串是否结束。

【例 10.18】 分别统计字符串中大写字母、小写字母、数字及空格的个数。

代码清单 10.14:

```c
#include "stdio.h"
main()
{
    char str[100],*p;
    int k[4]={0};
    p=str;
    printf("请输入一个字符串: ");
    gets(p);
    for(;*p!='\0';p++)
    {
        if(*p>='A' && *p<='Z')
                k[0]++;//统计大写字母的个数
        else if(*p>='a' && *p<='z')
                k[1]++;//统计小写字母的个数
        else if(*p>='0' && *p<='9')
                k[2]++;//统计数字的个数
        else if(*p==' ')
                k[3]++;//统计空格的个数
    }
    printf("该字符串中大写字母的个数为%d\n小写字母的个数为%d\n数字的个数为%d\n空格的个数为
%d\n",k[0],k[1],k[2],k[3]);
}
```

运行代码并输入数据后结果如图 10.15 所示。

图 10.15 【例 10.18】运行结果

> **说明**
>
> （1）k[0]、k[1]、k[2]、k[3]为整数，用来存放不同字符的个数，初始值都为0。
>
> （2）p 为字符指针变量，初始化后指向字符数组 str 的首地址。
>
> （3）"gets(p)"与"gets(str)"等价，从键盘上接收一个字符串，可以包含空白字符。
>
> （4）"if(*p>='A' && *p<='Z') k[0]++;"与"if(*p>=65 && *p<=90) k[0]++;"作用等同，用来统计字符串中大写字母个数。

10.5 指针作为函数参数

V10-5 指针作为
函数参数

函数的参数不仅可以是整型、实型、字符型等数据，还可以是指针类型。其作用是将一个地址值传递给被调函数中的形参指针变量，使形参指针变量指向实参指针变量指向的变量，即在函数调用时确定形参指针变量的指向。

10.5.1 指向变量的指针作为函数的参数

【例 10.19】 定义一个函数，实现用指针对两个数进行交换。函数原型可声明为"void exchange(int *p,int *q)"，参数为指针变量 p、q。函数定义如下。

```
void exchange(int *p,int *q)
{
    int t;
    t=*p;
    *p=*q;
    *q=t;
}
```

为了判断该函数定义是否正确，可以在主函数中调用该函数，看能否实现其功能。

代码清单 10.15：

```
#include "stdio.h"
void exchange(int *p,int *q)
{
    int t;
    t=*p;
    *p=*q;
    *q=t;
}
main()
{
    int a,b;
    printf("请输入两个数: ");
    scanf("%d%d",&a,&b);
    if(a>b)
        exchange(&a,&b);
    printf("两个数从小到大排序为: %d, %d\n",a,b);
}
```

运行代码并输入数据后结果如图 10.16 所示。

图 10.16　代码清单 10.15 运行结果

说明

调用 exchange 函数时，实参&a 的值传递给形参指针变量 p，实参&b 的值传递给形参指针变量 q。

10.5.2　指向数组的指针作为函数的参数

【例 10.20】定义一个函数，用指针实现数组元素从小到大排序。函数原型可声明为"void sort (int *p,int n)"，参数为指针变量 p 指向整型数组，n 为数组中元素的个数。函数定义如下。

```
void sort(int *p,int n)
{
    int i,j,t;
    for(i=0;i<n-1;i++)
        for(j=0;j<n-1-i;j++)
            if(p[j]>p[j+1])
            {
                t=p[j];
                p[j]=p[j+1];
                p[j+1]=t;
            }
}
```

为了判断该函数定义是否正确，可以在主函数中调用该函数，看能否实现其功能。

代码清单 10.16:

```
#include "stdio.h"
void sort(int *p,int n)
{
    int i,j,t;
    for(i=0;i<n-1;i++)
        for(j=0;j<n-1-i;j++)
            if(p[j]>p[j+1])
            {
                t=p[j];
                p[j]=p[j+1];
                p[j+1]=t;
            }
}
main()
{
```

```
        int a[10],i;
        printf("请输入10个整数: ");
        for(i=0;i<10;i++)
                scanf("%d",&a[i]);
        sort(a,10);
        printf("数据从小到大排序为: ");
        for(i=0;i<10;i++)
                printf("%d,",a[i]);
}
```

运行代码并输入数据后结果如图 10.17 所示。

图 10.17　代码清单 10.16 运行结果

 调用 sort 函数时，实参 a 的值传递给形参指针变量 p，实参 10 传递给形参 n。

10.5.3　指向字符串的指针作为函数的参数

【例 10.21】定义一个函数，将一个字符串复制到另外一个字符串中。函数原型可声明为"void StringCopy(char *p,char *q)"，参数 q 是被复制的字符串。函数定义如下。

```
void StringCopy(char *p,char *q)
{
        for(;*q!='\0';q++,p++)
                *p=*q;
        *p='\0';
}
```

为了判断该函数定义是否正确，可以在主函数中调用该函数，看能否实现其功能。

代码清单 10.17:

```
#include "stdio.h"
void StringCopy(char *p,char *q)
{
        for(;*q!='\0';q++,p++)
                *p=*q;
        *p='\0';
}
main()
{
        char a[20],b[20];
        printf("请输入一个字符串给数组b: ");
        gets(b);
        StringCopy(a,b);
        printf("b复制到a中后，数组a为: %s\n",a);
```

```
}
```

运行代码并输入数据后结果如图 10.18 所示。

图 10.18　代码清单 10.17 运行结果

10.6　常见编译错误与解决方法

指针程序设计过程中常见的错误、警告及解决方法举例如下。

1. 指针变量 p 初始化后，"p"和"&p"是两个含义完全不同的概念

代码清单 10.18:

```
#include "stdio.h"
main()
{
    int a,*p=&a;
    printf("请输入一个整数: ");
    scanf("%d",&p);
    printf("该整数为%d\n",*p);
}
```

编译调试没有错误和警告:

`code10_18.exe - 0 error(s), 0 warning(s)`

运行程序时输入数据会出现莫名其妙的错误，如图 10.19 所示。

图 10.19　代码清单 10.18 运行结果

解决方法：将语句"scanf("%d",&p);"改成"scanf("%d",p);"。语句"scanf("%d",p);"表示输入一个整数，保存在 p 所指向的存储空间。

2. 指针指向数组的某个元素后，随着指针的变化，可能指向不确定的数据

代码清单 10.19:

```
#include "stdio.h"
main()
{
    int a[10],*p,max;
    printf("请输入10个数: ");
    for(p=a;p<a+10;p++)
```

```
            scanf("%d",p);
        max=*p;
        for(p=a;p<a+10;p++)
                if(max<*p)
                        max=*p;
        printf("数组中最大值为%d\n",max);
    }
```

编译调试没有错误和警告：

```
code10_19.exe - 0 error(s), 0 warning(s)
```

在运行程序输入 10 个数据后，显示结果中出现一些莫名其妙的数据，如图 10.20 所示。

解决方法：由于循环输入数据时，"p++" 让 p 指向下一个元素，循环 10 次后，p 指向一个未定义的数据，语句 "max=*p;" 让 max 得到一个不确定的数据。因此该语句应该改为 "p=a;max=*p;"，让 p 重新指向数组首部，将第 1 个元素的值赋值 max。

图 10.20　代码清单 10.19 运行结果

3. 指针作为函数参数时，调用函数时实参也必须是表示地址的概念

代码清单 10.20：

```
#include "stdio.h"
int StringLength(char *p)
{
        int sum=0;
        for(;*p!='\0';p++)
                sum++;
        return(sum);
}
main()
{
        char a[20];
        int m;
        printf("请输入一个字符串: ");
        gets(a);
        m=StringLength(&a);
        printf("该字符串中有效字符为%d个\n",m);
}
```

显示警告：

```
warning C4047: 'function' : 'char *' differs in levels of indirection from 'char (*)[20]'
warning C4024: 'StringLength' : different types for formal and actual parameter 1
```

解决方法：在 C 语言中，数组名代表函数的首地址，因此应将语句 "m=StringLength(&a);" 中的实际参数改成 a 或&a[0]。

4. 字符串是以 "\0" 为结束标志，特别是将一个字符串复制到另外一个字符串时，"\0" 也要复制，否则显示时会出现乱码

代码清单 10.21：

```
#include "stdio.h"
void StringCopy(char *p,char *q)
{
```

```
        for(;*q!='\0';q++,p++)
                *p=*q;
}
main()
{
        char a[20],b[20];
        printf("请输入一个字符串给数组b: ");
        gets(b);
        StringCopy(a,b);
        printf("b复制到a中后，数组a为%s\n",a);
}
```

编译调试没有错误和警告：

`code10_21.exe - 0 error(s), 0 warning(s)`

运行程序，输入字符串"abcd1234"后，显示结果中出现一些莫名其妙的乱码，如图 10.21 所示。

解决方法：将数组 b 中的字符串"abcd1234"复制到数组 a 中时，要让数组 a 有一个字符串结束的标志"\0"，所以应在"void StringCopy(char *p,char *q)"函数定义时最后加上一条语句"*p='\0';"，以示字符串复制结束。

图 10.21　代码清单 10.21 运行结果

```
void StringCopy(char *p,char *q)
{
        for(;*q!='\0';q++,p++)
                *p=*q;
        *p='\0';
}
```

实例分析与实现

1. 实例分析

首先定义函数"double average(int *p,int n)"，参数为指针变量 p 指向整型数组，n 为数组中元素的个数，累加求和，除以 n 得到平均值并返回。然后在主函数 main 中先定义一个数组 a，长度为 10，全部为整型数据，再循环 10 次，采用 scanf 函数接收 10 个整数，依次存放在数组 a 中，然后调用函数得到返回值存放在 f 中，两个实参分别为 a 和 10，最后采用 printf 函数显示 f 的值，保留 2 位小数。

具体算法如下。

① 定义一个计算平均值的函数 average。

② 在 average 函数中利用 for 循环统计数组元素的和，用求出的和除以数组元素个数得到平均值，并用 return 函数返回平均值。

③ 在主函数中定义一个 10 元素的一维数组。

④ 利用 for 循环结合 scanf 函数输入数组元素的值。

⑤ 调用 average 函数，并将返回值输出。

2. 项目代码

代码清单 10.22：

```
#include "stdio.h"
```

```
double average(int *p,int n)
{
        double ave=0;
        int i;
        for(i=0;i<n;i++)
                ave=ave+p[i];
        ave=ave/n;
        return(ave);
}
main()
{
        int a[10],i;
        double f;
        printf("请输入10门课成绩: ");
        for(i=0;i<10;i++)
                scanf("%d",&a[i]);
        f=average(a,10);
        printf("该生所有课程的平均成绩为%.2lf\n",f);
}
```

3. 案例拓展

定义一个函数，用指针法求出数组中元素的最大值。函数原型可声明为 "int max(int *p, int n)"，参数为指针变量 p 指向整型数组，n 为数组中元素的个数，并在主函数中调用该函数。

进阶案例——大小写字母转换

1. 案例介绍

编写一个函数，利用指针变量实现将字符串中的大写字母转换成小写字母，其他字符不变。函数原型可声明为 "void StrToLower(char *str)"，参数 str 是要转换的字符串，并在主函数中调用该函数。

2. 案例分析

首先定义函数 "void StrToLower(char *str)"，其参数 str 是要转换的字符串，字符串中如有大写字母，则转换成小写字母；其他字符不变。然后在主函数 main 中采用 gets 函数从键盘上接收一个字符串，存放在数组 a 中；再调用函数 StrToLower，实参为 p 或 a，传递给形参 str，最后调用 puts 函数显示转换后的结果。

具体算法如下。

① 定义一个转换函数，函数体中利用 for 循环结合 if 函数对参数中的每个字符进行判断，若为大写字母就将其转换，否则不变。

② 在主函数中利用 gets 函数输入一个字符串，存放到数组 a 中。

③ 调用转换函数。

④ 使用 puts 函数输出转换后的结果。

3. 项目代码

代码清单 10.23:

```
#include "stdio.h"
void StrToLower(char *str)
{
        for(;*str!='\0';str++)
                if(*str>='A' && *str<='Z')
                        *str=*str+32;
}
main()
{
        char a[100],*p=a;
        printf("请输入一个字符串: ");
        gets(p);
        StrToLower(p);
        printf("该字符串中大写字母转换成小写字母后为: ");
        puts(p);
}
```

4. 运行结果

运行结果如图10.22所示。

图10.22　进阶案例运行结果

5. 案例拓展

编写一个函数，将字符串中的小写字母转换成大写字母，其他字符不变。函数原型可声明为"void StrToUpper(char *str)"，参数str是要转换的字符串，并在主函数中调用该函数。

同步训练

一、选择题

1. 语句"int a=10,*point=&a;"中，值不为地址的是（　　）。
   A. point
   B. &a
   C. &point
   D. *point

2. 有如下声明，则数值为9的表达式是（　　）。
   ```
   int a[10]={1,2,3,4,5,6,7,8,9,10},*p=a;
   ```
   A. *(p+8)
   B. *p+9
   C. *p+=9
   D. p+8

3. 已有定义"int k=2;int *ptr1,*ptr2;"，且ptr1和ptr2均已指向变量k，下面不能正确执行的赋值语句是（　　）。
   A. k=*ptr1+*ptr2
   B. ptr2=k
   C. ptr1=ptr2
   D. k=*ptr1*(*ptr2)

4. 若有说明 "int *p1,*p2,m=5,n;", 以下均是正确赋值语句的选项是（　　）。

    A. p1=&m;p2=&p1;　　　　　　　　B. p1=&m;p2=&n;*p1=*p2;

    C. p1=&m;p2=p1;　　　　　　　　　D. p1=&m;*p1=*p2;

5. 已有语句 "int a=25;print_value(&a);", 下面函数的输出结果是（　　）。

```
void print_value(int *x)
{ printf("%d\n",++*x); }
```

    A. 23　　　　　　　B. 24　　　　　　　C. 25　　　　　　　D. 26

6. 以下程序段的运行结果是（　　）。

```
main()
{ int a[]={0, 2, 4, 6, 8}, *p, s=0;
  for( p=a+4; p>=a; p-=2)
      s+=*p;
  printf("%d\n ",s);
}
```

    A. 8　　　　　　　B. 11　　　　　　　C. 12　　　　　　　D. 13

7. 下面判断正确的是（　　）。

    A. char *a="china"; 等价于 char *a; *a="china";

    B. char str[10]={"china"}; 等价于 char str[10]; str[ ]={"china"};

    C. char *s="china"; 等价于 char *s; s="china";

    D. char c[4]="abc",d[4]="abc"; 等价于 char c[4]=d[4]="abc";

8. 下面程序段中, for 循环的执行次数是（　　）。

```
char *s="\ta\018bc";
for( ;*s!= '\0';s++)
  printf("*");
```

    A. 9　　　　　　　B. 7　　　　　　　C. 6　　　　　　　D. 5

9. 下面程序段的运行结果是（　　）。

```
char *s="abcde";
s+=2;
printf("%d",s);
```

    A. cde　　　　　　B. 字符'c'　　　　　C. 字符'c'的地址　　D. 不确定

10. 以下与库函数 "strcpy(char *p1,char *p2)" 功能不相等的程序段是（　　）。

    A. strcpy1(char *p1,char *p2)　　　{ while ((*p1++=*p2++)!='\0') ; }

    B. strcpy2(char *p1,char *p2)　　　{ while ((*p1=*p2)!= '\0') { p1++; p2++ ; } }

    C. strcpy3(char *p1,char *p2)　　　{ while (*p1++=*p2++) ; }

    D. strcpy4(char *p1,char *p2)　　　{ while (*p2) *p1++=*p2++ ; }

11. 设有说明语句 "char a[]="It is mine";char *p="It is mine";" 则以下不正确的叙述是（　　）。

    A. a+1 表示的是字符 t 的地址

    B. p 指向另外的字符串时, 字符串的长度不受限制

    C. p 变量中存放的地址值可以改变

    D. a 中只能存放 10 个字符

12. 以下与 "int *q[5];" 等价的定义语句是（　　）。

    A. int q[5]　　　　　　　　　　　B. int *q

    C.　int *(q[5])　　　　　　　　　　　　　D.　int (*q)[5]

二、填空题

1. 变量的指针，其含义是指该变量的_____。

2. 定义"int a[]={1,2,3,4,5},*p=a;"，则表达式"*++p"的值是_____。

3. 下面程序的运行结果是_____。

```
fun(char *s)
{   char *p=s;
    while(*p) p++;
    return (p-s);
}
main( )
{   char *a="abcdef";
    printf("%d\n",fun(a));
}
```

4. 下面函数的功能是将一个整数字符串转换为一个整数，例如"1234"转换为 1234，将程序补充完整。

```
int chnum(char *p)
{   int num=0,k,len,j;
    len=strlen(p);
    for( ;_____; p++)
    {
        k=_____;
        j=(--len);
        while(_____) k=k*10;
          num=num+k;
    }
    return num;
}
```

三、程序设计题

1. 定义 3 个整数及整数指针，仅用指针方法实现按由小到大的顺序输出。

2. 利用指针编程实现，借助指针变量找出数组元素中最大值所在位置并输出该最大值。

3. 利用指针编程实现，统计子串 substr 在主串 str 中出现的次数。

技能训练

指针的应用

第11章

构造类型

学习目标

■ 掌握结构体定义、结构体变量和结构体数组的应用。

■ 掌握共用体定义、共用体变量的应用。

■ 掌握枚举类型定义、枚举变量的应用。

■ 掌握单链表的定义和建立方法。

实例描述——学生奖学金评定系统设计

学生综合积分由文化积分和德育积分构成，文化积分是所有门课程成绩总和除以课程门数（平均分），德育积分是参加各类活动的积分，学生综合积分=文化积分×70%+德育积分×30%。按照学生综合积分排名，获得一等奖学金 1 名学生，获得二等奖学金 2 名学生，获得三等奖学金 3 名学生，项目要求输入班级学生成绩信息，输出获得奖学金的学生名单。已知学生成绩信息包括学号、姓名、英语成绩、网络成绩、C 语言成绩、数据库成绩、文化积分、德育积分和综合积分，运行结果如图 11.1 所示。

思政案例：
劳模精神

图 11.1　实例运行结果

知识储备

前文介绍了数组，数组中的数据类型必须是一致的，但实际应用中，一组数据往往具有不同的数据类型。例如一名学生信息包含了学号（整型）、姓名（字符串）、性别（字符型）、年龄（整型）、成绩（实型），这个学生的不同属性具有不同的数据类型，所以无法用一个数组来保存该学生的信息。为此，C 语言中提供了"结构体"和"共用体"这样的数据类型来实现针对性处理。本章将针对结构体、共用体和枚举类型等知识进行详细的讲解。

11.1　结构体

结构体是一种较为复杂但却非常灵活的构造型数据类型。一个结构体类型可以由若干个成员组成，不同的结构体类型可根据需要由不同的成员组成。对于某个具体的结构体类型，成员的数量必须固定，这一点与数组相同，但该结构体中各个成员的类型可以不同，这是结构体与数组的重要区别。因此，当需要把一些相关信息组合在一起时，使用结构体这种类型就很方便。

V11-1　结构体类型的定义

11.1.1　结构体类型的定义

在实际工作中，常常需要将一些相互联系的、不同类型的数据组合成一个整体，以便于引用。例如处理如表 11.1 所示的学生数据。

表 11.1　学生 C 语言成绩单

学号	姓名	性别	年龄	C 语言成绩
35013101	王　迪	F	20	90
35013105	赵晶晶	F	21	95
35013112	杨　光	M	19	80
35013125	周腾巍	M	21	93
35013130	孙益龙	M	20	100

注：F 表示女，M 表示男。

从表中可知，学生 C 语言成绩单是由如下几种类型组成的。

整型：学号。

字符串类型：姓名。

字符型：性别。

整型：年龄。

单精度型：C 语言成绩。

表中任何一个学生的信息都由学号、姓名、性别、年龄和 C 语言成绩等数据构成，这些互相联系的数据组成一个整体，但数据类型不同。在 C 语言中，通常用结构体类型表示这样一组数据。

1. 结构体类型定义的一般形式

```
struct    结构体名
{
    数据类型1    成员列表1;
    数据类型2    成员列表2;
    …
    数据类型n    成员列表n;
};
```

2. 说明

（1）struct 是定义结构体类型的关键字，其后是结构体名，这两者合称为结构体类型标识符。一般情况下，这两者要联合使用，不能分开。但在某些不需要结构体名的状态下，也可以省略结构体名。

（2）结构体名的命名方法与一般变量名命名方法相同。

（3）结构体成员的数据类型可以是 C 语言允许的任何变量类型，甚至可以是某个结构体变量类型。结构体成员的命名方法与一般变量名的命名方法相同需要注意的每个成员名后面有 "；"。

（4）每个结构体成员列表中可以有一个或多个同类型的成员，如果成员多于一个，每两个成员之间用逗号分隔。

（5）在"}"之后是结构体定义结束符"；"，该符号不能遗漏。

【例 11.1】 按表 11.1 所示的数据定义一个学生 C 语言成绩单结构体类型。

代码清单 11.1：

```
struct student
{
    int number;
    char name[8];
    char sex;
    int age;
    float c_program;
};
```

该结构体类型的名称是 student ，它由 5 个成员组成。这些结构体成员的类型分别是整型、字符数组、字符型、整型和单精度型。

11.1.2 结构体变量的定义

C 语言中定义结构体类型变量比较灵活，既可以先定义结构体类型，再定义变量名；也可以在定义结构体类型的同时定义结构体变量。

V11-2 结构体变量的定义

1. 先定义结构体类型，再定义结构体变量

一般格式为

struct 结构体名 结构体变量名列表；

说明
（1）结构体名是已经定义的结构体名。

（2）结构体变量名的定义方法与一般变量名的命名方法相同。如果结构体变量名列表中的变量多于一个，各个变量之间用"，"分隔。

【例 11.2】 定义了结构体类型 struct student 后，就可以用语句"struct student st1, st2;"定义两个结构体变量 st1 和 st2，使这两个变量具有 struct student 类型的结构，如图 11.2 所示。

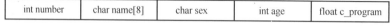

| int number | char name[8] | char sex | int age | float c_program |

图 11.2 变量 st1 和 st2 结构图

将一个变量定义为结构体变量时，既要使用关键字 struct，也要指定结构体名。如果只使用关键字 struct，不指定结构体名，则是错误的。例如，"struct st1,st2;"就是错误的。

2. 定义结构体类型的同时定义结构体变量

定义结构体类型时，只要在最后的括号"}"与分号"；"之间插入变量名列表，即可同时定义结构体变量。其一般形式为：

struct 结构体名

```
{
    数据类型1    成员列表1；
    数据类型2    成员列表2；
        …
    数据类型n    成员列表n；
} 变量名列表；
```

 说明 如果变量名列表的变量多于一个，则每两个变量名之间用 "," 分隔。

【例 11.3】 修改【例 11.1】，在定义学生结构体类型的同时定义结构体变量 st1、st2。

代码清单 11.2：

```
struct student
{
    int number;
    char name[8];
    char sex;
    int age;
    float c_program;
} st1,st2;
```

本例在定义学生结构体类型 struct student 的同时定义了结构体变量 st1、st2，其功能与先定义结构体类型 struct student，再定义结构体变量 st1、st2 完全相同。

如果程序中只需要结构体变量，那么可以省略结构体名。例如代码清单 11.2 可以改写成如下格式。

代码清单 11.3：

```
struct
{
    int number;
    char name[8] ;
    char sex;
    int age;
    float c_program;
} st1,st2;
```

这种形式省略了结构体名，同样也定义了两个结构体变量 st1、st2，并为这两个结构体变量说明了它们的结构形式。

3. 使用结构体变量定义结构体

如果学生档案由两张表组成，第一张表由月（month）、日（day）、年（year）组成，第二张表由学号（number）、姓名（name）、性别（sex）、年龄（age）和生日（birthday）组成，可以先定义成员为月、日、年的结构体类型 struct date，再使用对应的结构体变量定义学生档案的结构体 student 如下。

代码清单 11.4：

```
struct date
{
    int month;
```

```
    int day;
    int year;
};
struct student
{
    int number;
    char name[8] ;
    char sex;
    int age;
    struct date birthday;
} st1,st2;
```

首先定义一个结构 date，由 month、day、year3 个成员组成。在定义并说明变量 st1 和 st2 时，其中的成员 birthday 被说明为 struct date 结构类型。

4．注意事项

结构体类型和结构体变量是不同的概念，在使用它们时要注意如下 4 点。

（1）结构体变量可以用来进行运算、赋值，但结构体类型不能进行运算，也不能对其进行赋值。

（2）结构体中的成员可以单独使用，成员的作用相当于普通变量。

（3）结构体中的成员本身也可以是一个结构体变量。

（4）由于结构体类型是用户根据需要自已定义的，所以结构体类型可以有多种，这是与基本类型不同的。

11.1.3 结构体变量的引用

V11-3 结构体变量的引用

1．结构体变量的赋值

【例 11.4】 定义了两个结构体变量 st1、st2，下面以给这两个变量赋值如图 11.3 所示的值为例，介绍结构体变量赋值的一般方法。

st1	35013101	王 迪	F	20	90
st2	35013112	杨 光	M	19	80

图 11.3 变量 st1 和 st2 的值

在定义普通变量时，可以同时给它赋初值，对其进行初始化。在定义结构体变量时，同样可以同时对它的成员赋初值，对其进行初始化。

【例 11.5】 修改【例 11.3】，按图 11.3 所示给结构体变量 st1、st2 赋初值。

代码清单 11.5:

```
#include "stdio.h"
main( )
{
  struct student
  {
    int number;
    char name[8];
    char sex;
```

```
      int age;
      float c_program;
  }st1={35013101,"王 迪",'F',20,90},st2={35013112,"杨 光",'M',19,80};
  printf("st1: %d,%s,%c,%d,%f\n",st1.number,st1.name,st1.sex,st1.age,st1.c_program);
  printf("st2: %d,%s,%c,%d,%f\n",st2.number,st2.name,st2.sex,st1.age,st2.c_program);
}
```

运行结果如图 11.4 所示。

图 11.4 【例 11.5】运行结果

【例 11.6】 先定义结构体类型 struct student，再定义结构体变量 st1、st2，并按图 11.3 所示给结构体变量 st1、st2 赋初值。

代码清单 11.6：

```
#include "stdio.h"
main( )
{
  struct student
  {
    int number;
    char name[8];
    char sex;
    int age;
    float c_program;
  };
  struct student st1={35013101,"王 迪",'F',20,90},st2={35013112,"杨 光",'M',19,80};
  printf("st1: %d,%s,%c,%d,%f\n",st1.number,st1.name,st1.sex,st1.age,st1.c_program);
  printf("st2: %d,%s,%c,%d,%f\n",st2.number,st2.name,st2.sex,st1.age,st2.c_program);
}
```

本程序与【例 11.5】的程序等效。运行程序时，屏幕显示信息完全相同。

2. 结构体变量的引用

【例 11.5】和【例 11.6】不仅介绍了初始化结构体变量的方法，还介绍了引用结构体变量的方法。其中的 printf 语句用 st1.number、st1.name、st1.sex 等形式引用了结构体变量 st1 中的成员。结构体变量是若干个相同或不相同数据类型的数据的集合，对结构体变量的访问通常是通过对结构体中各个成员的访问来实现的。访问结构体成员的一般形式为：

结构体变量名.结构体成员名

【例 11.5】和【例 11.6】引用结构体变量 st1 和 st2 的成员使用的就是这种格式。由于结构体变量中的各个成员都是变量，所以可以使用对一般变量操作的方法引用结构体变量中的成员，只是要注意访问结构体成员的格式。

V11-4 结构
数组

11.1.4 结构数组

数组的元素也可以是结构类型的，因此可以构成结构数组。结构数组的每一个元素都是具有相同结构类型的下标结构变量。在实际应用中，经常用结构数组来表示具有相同数据结构的一个群体。例如一个班级的成绩单、一个车间的工资表等。

结构数组的定义方法和结构变量相似，只需声明它为数组类型即可。

【例 11.7】 定义结构数组举例。

代码清单 11.7：

```
struct student
{
    int number;
    char name[8] ;
    char sex;
    int age;
    float c_program;
} stu[5] ;
```

本例定义了一个结构数组 stu，共有 stu[0]～stu[4] 5 个元素，每个数组元素都具有 struct student 的结构形式。对结构数组可以初始化赋值，代码清单 11.7 可以改写如下。

代码清单 11.8：

```
struct student
{
    int number;
    char name[8];
    char sex;
    int age;
    float c_program;
} stu[5]={
            {35013101,"王 迪",'F',20,90},
            {35013105,"赵晶晶",'F',21,95},
            {35013112,"杨 光",'M',19,80},
            {35013125,"周腾巍",'M',21,93},
            {35013130,"孙益龙",'M',20,100}
          };
```

【例 11.8】 计算 350131 班级所有学生的 C 语言课程平均成绩。

代码清单 11.9：

```
#include "stdio.h"
struct student
{
    int number;
    char name[8];
    char sex;
    int age;
    float c_program;
}stu[5]={
        {35013101,"王 迪",'F',20,90},
        {35013105,"赵晶晶",'F',21,95},
        {35013112,"杨 光",'M',19,80},
        {35013125,"周腾巍",'M',21,93},
        {35013130,"孙益龙",'M',20,100}
```

```
        };
main()
{
    int i;
    float ave,sum=0;
    for(i=0;i<=4;i++)
        sum=sum+stu[i].c_program;
    ave=sum/5;
    printf("ave=%.1f\n",ave);
}
```

运行结果：输出"ave=91.6"。

本例程序中定义了一个外部结构数组 stu，共 5 个元素，并做了初始化赋值，在 main 函数中用 for 语句逐个累加各元素的 c_program 成员值，求出班级 C 语言课程总分 sum，然后计算平均成绩 ave 并输出。

也可以对结构数组只定义，不做初始化赋值，而在 main 函数中通过 scanf 语句输入，代码清单 11.9 可修改如下。

代码清单 11.10：

```
#include "stdio.h"
struct student
{
    int number;
    char name[8];
    char sex[8];
    int age;
    float c_program;
}stu[5];
main()
{
    int i;
    float ave,sum=0;
    for(i=0;i<=4;i++)
        scanf("%d%s%s%d%f",&stu[i].number,stu[i].name,stu[i].sex,&stu[i].age,&stu[i].c_program);
    for(i=0;i<=4;i++)
        sum=sum+stu[i].c_program;
    ave=sum/5;
    printf("ave=%.1f\n",ave);
}
```

11.2 共用体

共用体也是一种构造数据类型，它提供了不同数据类型的数据共享存储单元的方法。

V11-5 共用体类型的定义

11.2.1 共用体类型的定义

1. 结构体类型定义的一般形式为

```
union   共用体名
    {
```

```
      数据类型1    成员列表1;
      数据类型2    成员列表2;
      …
      数据类型n    成员列表n;
};
```

2. 说明

其中，union 是定义共用体类型的关键字，共用体名的命名规则与标识符命名规则相同，数据
类型、成员列表等与定义结构体的选项含义相同。

【例 11.9】定义由 3 个成员 ch、p、q 组成的共用体，这 3 个成员的数据类型分别是 char 型、
int 型和 float 型。

代码清单 11.11：

```
union data
{
   char ch;
   int p;
   float q;
};
```

11.2.2 共用体变量的定义

定义共用体变量的方法与定义结构体变量的方法相似，可以在定义共用体
类型时定义共用体变量，也可以先定义共用体类型，再定义共用体变量。

V11-6 共用体变
量的定义及引用

1. 定义共用体类型时定义共用体变量

```
一般格式为
union    共用体名
{
      数据类型1    成员列表1;
      数据类型2    成员列表2;
      …
      数据类型n    成员列表n;
}变量名列表;
```

【例 11.10】 定义共用体类型时定义共同体变量举例。

代码清单 11.12：

```
union data
{
   char ch;
   int p;
   float q;
} a,b,c;
```

说明

变量名列表列出定义为共用体变量的变量名，若其中的变量多于一个，则每两个变量之间用"，"
分隔。

2. 先定义共用体，再定义共用体变量

如果已经定义了共用体类型，可以使用下列形式定义共用体变量。

```
union 共用体名 变量名列表;
```

例如，前文已经定义了共用体类型 union data，即可利用它定义共用体变量：

```
union data a,b,c;
```

11.2.3 共用体变量的引用

1. 共用体变量的赋值和引用

引用共用体成员的方法与引用结构体成员的方法相似，其一般格式为

```
共用体变量名.共用体成员名
```

由于共用体变量中的各个成员都是变量，所以可以使用对一般变量操作的方法引用共用体变量中的成员，只是要注意访问共用体成员的格式。例如，上面定义了共用体变量 a 后，就可以用以下语句为变量的各个成员赋值，实现访问共用体变量的各个成员。

```
a.ch='I';
a.p=128;
a.q=298.78;
```

2. 结构体与共用体的区别

（1）从定义形式上看，共用体和结构体的定义非常相似，但它们的含义是不同的。结构体中的成员各占各的存储单元，共用体中的成员占用相同的存储单元；结构体变量所占内存长度是各成员占的内存长度之和，而共用体变量所占的内存长度是共用体中最大成员占用的内存长度。

【例 11.11】 结构体变量定义举例。

代码清单 11.13：

```
struct sdata
{
  char ch;
  int id;
  float fd;
}a;
```

本例结构体各成员分别占用 1 个字节、2 个字节、4 个字节，所以结构体变量 a 占用 1+2+4=7 个字节的内存空间。

【例 11.12】 共用体变量定义举例。

代码清单 11.14：

```
union udata
{
  char ch;
  int id;
  float fd;
}a;
```

共用体各成员分别占用 1 个字节、2 个字节、4 个字节，所以共用体变量 a 占用其中最大成员的 4 个字节的内存空间。

（2）结构体变量可以进行初始化，共用体变量不能进行初始化。

（3）结构类型变量相互独立，结构体变量的成员都是可见的；而共用体变量中的成员在内存中占用相同的内存空间，故而对共用体成员赋值，只有最后一次所赋的值被保存，即共用体变量的成员中只有最后一个成员是可见的。

11.3 枚举类型

V11-7 枚举类型

在实际问题中，有些变量的取值被限定在一个有限的范围内，例如一个星期内只有七天、一年只有十二个月等。如果把这些量说明为整型、字符型或其他类型显然是不妥当的。为此，C语言提供了一种称为"枚举"的类型。在枚举类型的定义中列举出所有可能的取值，被说明为该枚举类型的变量取值不能超过定义的范围。应该说明的是，枚举类型是一种基本数据类型，而不是一种构造类型，因为它不能再分解为任何基本类型。

11.3.1 枚举类型的定义

1. 枚举类型定义的一般形式为

```
enum 枚举名{枚举值表};
```
在枚举值表中应罗列出所有可用值，这些值也称为枚举元素。

例如"enum weekday{sun,mon,tue,wed,thu,fri,sat};"，该枚举名为 weekday，枚举值共有 7 个，即一周中的七天，凡被说明为 weekday 类型变量的取值只能是七天中的某一天。

2. 说明

与结构体和共用体一样，枚举变量也可用不同的方式说明，即先定义后说明，同时定义说明或直接说明。

设有变量 a、b、c 被说明为上述举例的 weekday，可采用下述任意一种方式定义枚举变量。

```
enum weekday{sun,mon,tue,wed,thu,fri,sat};
enum weekday a,b,c;
```
或者：

```
enum weekday{sun,mon,tue,wed,thu,fri,sat}a,b,c;
```
或者：

```
enum {sun,mon,tue,wed,thu,fri,sat}a,b,c;
```

11.3.2 枚举变量的引用

枚举类型在使用中有以下规定。

（1）枚举值是常量，不是变量。不能在程序中用赋值语句再对它赋值。

例如对枚举 weekday 的元素作赋值：

```
sun=5;
mon=2;
sun=mon;
```
都是错误的。

（2）枚举元素本身由系统定义了一个表示序号的数值，从 0 开始顺序定义为 0、1、2、……。如在 weekday 中，sun 值为 0，mon 值为 1，……，sat 值为 6。

【例 11.13】 输出 weekday 枚举元素对应的数值。

代码清单 11.15:

```
#include "stdio.h"
main()
{
    enum weekday{ sun,mon,tue,wed,thu,fri,sat } a,b,c;
    a=sun;
    b=mon;
    c=tue;
    printf("sun=%d,mon=%d,tue=%d\n",a,b,c);
}
```

运行结果: 输出 "sun=0,mon=1,tue=2"。

 ① 只能把枚举值赋予枚举变量, 不能把元素的数值直接赋予枚举变量。如

```
a=sun;
b=mon;
```

是正确的。而

```
a=0;
b=1;
```

是错误的。

② 如一定要把数值赋予枚举变量, 则必须用强制类型转换。如

```
a=(enum weekday)2;
```

其意义是将顺序号为 2 的枚举元素赋予枚举变量 a, 相当于

```
a=tue;
```

③ 枚举元素不是字符常量也不是字符串常量, 使用时不要加单、双引号。

11.4　类型说明符 typedef

V11-8　类型定义符及动态存储分配

　　C 语言不仅提供了丰富的数据类型, 而且还允许由用户自己定义类型说明符, 也就是说允许由用户为数据类型取 "别名"。类型说明符 typedef 即可用来完成此功能。例如, 有整型变量 a、b, 其声明如下。

```
int a,b;
```

其中 int 是整型变量的类型说明符。int 的完整写法为 integer, 为了增加程序的可读性, 可把整型说明符用 typedef 定义为

```
typedef int INTEGER
```

这以后就可用 INTEGER 来代替 int 作整型变量的类型说明了。例如

```
INTEGER a,b;
```

等效于

```
int a,b;
```

　　用 typedef 定义数组、指针、结构等类型可以带来很大的方便, 不仅可使程序书写简单, 而且

可使意义更为明确，增强可读性。例如 "typedef char NAME[20];"，表示 NAME 是字符数组类型，数组长度为 20。然后可用 NAME 说明变量，如

```
NAME a1,a2,s1,s2;
```

完全等效于

```
char a1[20],a2[20],s1[20],s2[20];
```

又如

```
typedef struct stu
{
    char name[20];
    int age;
    char sex;
} STU;
```

定义 STU 表示 stu 的结构类型，然后可用 STU 来说明结构变量：

STU body1,body2;

typedef 定义的一般形式为

```
typedef 原类型名    新类型名
```

其中原类型名中含有定义部分，新类型名一般用大写表示，以便于区别。有时也可用宏定义来代替 typedef 的功能，但是宏定义是由预处理完成的，而 typedef 则是在编译时完成的，后者更为灵活方便。

11.5　链表

数组作为存放同类型数据的集合，在进行程序设计时带来了很多的方便，但数组也同样存在一些弊端。数组在定义时就固定了大小，不能在程序中根据具体需求调整数组大小。有时用户会希望构造动态的存储结构，随时可以调整存储区域的大小，以满足不同的需要。为解决这个问题，C 语言提供了一些内存管理函数，这些内存管理函数可以按需要动态地分配内存空间，也可把不再使用的空间回收待用，为有效地利用内存资源提供了手段。

11.5.1　动态存储分配函数

1. 分配内存空间函数 malloc

调用形式：

```
(类型说明符*)malloc(size)
```

功能：在内存的动态存储区中分配一块长度为 size 个字节的连续区域。函数的返回值为该区域的首地址。

"类型说明符"表示把该区域用于何种数据类型。"类型说明符*"表示把返回值强制转换为该类型指针。

例如 "pc=(char *)malloc(100);"，表示分配 100 个字节的内存空间，并强制转换为字符数组类型，函数的返回值为指向该字符数组的指针，把该指针赋予指针变量 pc。

2. 释放内存空间函数 free

调用形式：

```
free(void *ptr);
```

功能：释放 ptr 所指向的一块内存空间，ptr 是一个任意类型的指针变量，它指向被释放区域的首地址。被释放区应是由 malloc 函数所分配的区域。

注：调用这两个函数，要添加 "#include "stdlib.h""。

V11-9 链表的
建立

11.5.2 链表概述与建立

使用动态分配时，每个节点之间可以是不连续的，节点之间的联系可以用指针实现。即在节点结构中定义一个成员项用来存放下一节点的首地址，这个用于存放地址的成员常被称为指针域。

可在第一个节点的指针域内存入第二个节点的首地址，在第二个节点的指针域内又存放第三个节点的首地址，如此串连下去直到最后一个节点。最后一个节点因无后续结点连接，其指针域可赋为 0。这样一种连接方式，在数据结构中称为"链表"，示意如图 11.5 所示。

图 11.5　简单链表示意

图中，第 1 个结点称为头结点，它存放第一个结点的首地址，没有数据，只是一个指针变量。以下的每个结点都分为两个域，一个是数据域，存放各种实际的数据，如学号 num、姓名 name、性别 sex 和成绩 score 等；另一个是为指针域，存放下一结点的首地址。链表中的每一个结点都是同一种结构类型。

【例 11.14】 建立一个 3 个结点的链表，存放学生数据，学生结构类型如下。

```
struct stu
{
    int number;
    float c_grogram;
    struct stu *next;
};
```

前两个成员项组成数据域，后一个成员项 next 构成指针域，它是一个指向 stu 类型结构的指针变量。

代码清单 11.16：

```
#include "stdio.h"
#include "stdlib.h"
struct stu
{
    int number;
    float c_grogram;
    struct stu *next;
};
struct stu *creat()
{
    struct stu *head,*pf,*pb;
    int i;
    head=(struct stu*)malloc(sizeof(struct stu));
    pf=head;
    for(i=1;i<=3;i++)
    {
```

```
        pb=(struct stu*)malloc(sizeof(struct stu));
        printf("请输入学号和C语言成绩:\n");
        scanf("%d%f",&pb->number,&pb->c_grogram);
        pf->next=pb;
        pb->next=NULL;
        pf=pb;
    }
    return head;
}
void pri(struct stu *head)
{
    struct stu *p=head->next;
    while(p!=NULL)
    {
        printf("%d %f\n",p->number,p->c_grogram);
        p=p->next;
    }
}
main()
{
    struct stu *head;
    head=creat();
    pri(head);
}
```

运行结果如图 11.6 所示。

图 11.6 【例 11.14】输出结果

11.6 常见编译错误与解决方法

构造类型程序设计过程中常见的错误、警告及解决方法举例如下。

（1）结构体类型定义时，末尾没有加分号 ";"。

代码清单 11.17：

```
#include "stdio.h"
main( )
{
    struct student
    {
        int number;
        char name[8];
```

```
    char sex;
    int age;
    float c_program;
  }
  struct student st1={35013101,"王 迪",'F',20,90},st2={35013112,"杨 光",'M',19,80};
  printf("st1: %d,%s,%c,%d,%f\n",st1.number,st1.name,st1.sex,st1.age,st1.c_program);
  printf("st2: %d,%s,%c,%d,%f\n",st2.number,st2.name,st2.sex,st1.age,st2.c_program);
}
```

显示错误：

```
error C2236: unexpected 'struct' 'student'
```

解决方法：在定义结构体类型时，末尾须加上 "；"。

（2）结构体变量定义时，没有加关键字 struct，只写了结构体名称。

代码清单 11.18：

```
#include "stdio.h"
main( )
{
  struct student
  {
    int number;
    char name[8];
    char sex;
    int age;
    float c_program;
  }
  student st1={35013101,"王 迪",'F',20,90},st2={35013112,"杨 光",'M',19,80};
  printf("st1: %d,%s,%c,%d,%f\n",st1.number,st1.name,st1.sex,st1.age,st1.c_program);
  printf("st2: %d,%s,%c,%d,%f\n",st2.number,st2.name,st2.sex,st1.age,st2.c_program);
}
```

显示错误：

```
error C2146: syntax error : missing ';' before identifier 'st1'
```

解决方法：在 student st1 前面加上关键字 struct。

实例分析与实现

1. 实例分析

首先，按照学生成绩信息的组成定义结构体，输入各门课程成绩和德育积分，根据已知的公式，求出文化积分和综合积分；然后，按照学生综合积分从高到低进行排名，并输出排名结果；最后，输出下标为 0 的学生获得一等奖学金，下标为 1 和 2 的学生获得二等奖学金，下标为 3、4、5 的学生获得三等奖学金。具体算法如下。

① 定义结构体类型 student。

② 利用定义的结构体类型定义一个十名学生的数组。

③ 利用 for 循环输入十名学生的各门课成绩，计算学生文化积分和综合积分。

④ 利用 for 循环嵌套对学生的成绩按总积分由高到低进行排序。

⑤ 打印总积分从高到低的排序结果、获得奖学金学生名单。

2. 项目代码

代码清单 11.19:

```c
#include "stdio.h"
typedef struct student
{
    int number;          //学号
    char name[8];        //姓名
    float english;       //英语成绩
    float net;           //网络成绩
    float c;             //C语言成绩
    float database;      //数据库成绩
    float w_score;       //文化积分
    float d_score;       //德育积分
    float t_score;       //综合积分
}STU;
main( )
{
    STU stu[10],temp;    //定义十名学生的数组
    int i,j;
    printf("请输入学号、姓名、英语、网络、C语言、数据库、德育积分:\n");
    printf("----------------------------------------------------\n");
    for(i=0;i<=9;i++)
    {
        //输入学生信息
        scanf("%d%s%f%f%f%f%f",&stu[i].number,stu[i].name,&stu[i].english, &stu[i].net,_
        &stu[i].c,&stu[i].database,&stu[i].d_score);
        //文化积分=所有课程成绩总和/门数
        stu[i].w_score=(stu[i].english+stu[i].net+stu[i].c+stu[i].database)/4;
        //综合积分=文化积分*70%+德育积分*30%
        stu[i].t_score=stu[i].w_score*0.7+stu[i].d_score*0.3;
    }
    printf("----------------------------------------------------\n\n");
    for(i=0;i<=8;i++)    //冒泡排序法
      for(j=0;j<=8;j++)
        if(stu[j].t_score<stu[j+1].t_score)//按照总积分由高到低排序
        {
            temp=stu[j];stu[j]=stu[j+1];stu[j+1]=temp;
        }
    //打印总积分从高到低排序后的结果
    printf("成绩排名(学号、姓名、文化积分、德育积分、综合积分):\n");
    printf("----------------------------------------------------\n");
    for(i=0;i<=9;i++)
        printf("%d %s %.2f %.2f %.2f\n",stu[i].number,stu[i].name,stu[i].w_score,_
        stu[i].d_score,stu[i].t_score);
    printf("----------------------------------------------------\n\n");
    printf("奖学金名单如下:\n");
    printf("----------------------------------------------------\n");
    //排序后第一个位置是一等奖学金获得者,即stu[0]
    printf("    一等奖学金获得者:%s\n",stu[0].name);
```

```
        //排序后第二、三个位置是二等奖学金获得者,即stu[1]、stu[2]
        printf("      二等奖学金获得者:%s %s\n",stu[1].name,stu[2].name);
        //排序后第四、五、六个位置是三等奖学金获得者,即stu[3]、stu[4]、stu[5]
        printf("      三等奖学金获得者:%s %s %s\n",stu[3].name,stu[4].name,stu[5].name);
        printf("----------------------------------------------------\n\n");
}
```

3. 案例拓展

实际考试管理过程中,教务部门会打印每门课程不及格的学生名单,并通知补考或者重修,根据以上要求,实现输出每门课程不及格学生名单,进一步完善程序设计。

进阶案例—— 一元多项式设计及加法运算

1. 案例介绍

输入两个一元多项式,利用单链表知识实现加法运算,例如分别输入 $3x^4+5x^2+7$ 和 $2x^3+x^2+8x^1$ 两个多项式,两个多项式进行加法运算后等于 $3x^4+2x^3+6x^2+8x^1+7$。如图 11.7 和图 11.8 所示,多项式按照指数从小到大顺序存储。

加法运算前,单链表 Pa 和 Pb 的存储结构如图 11.7 所示。

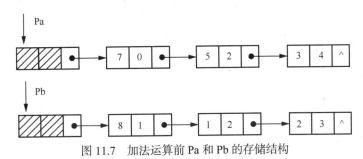

图 11.7　加法运算前 Pa 和 Pb 的存储结构

加法运算后,单链表 Pc 的存储结构如图 11.8 所示。

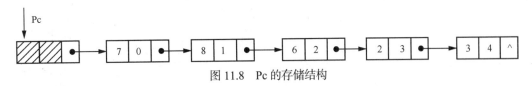

图 11.8　Pc 的存储结构

2. 案例分析

首先,建立两个单链表,分别存储输入的两个一元多项式,在某个单链表上直接进行加法运算,其中每个结点的结构体类型中应该包含 3 个域,分别用来存储多项式的系数、指数和后继结点的地址。然后,编写存储一元多项式和打印多项式的函数,最后编写求两个多项式加法运算的函数,如果两个多项式中有指数相同的项,将两个项的系数域求和,再存入结果链表中的相应结点系数域;如果两个多项式中的项指数不相同,通过与结果链表中结点指数域比较大小,选择合适位置插入该项。具体算法如下:

① 定义结构体类型，成员包括系数、指数和后继。

② 编写一元多项式创建的函数。

③ 编写一元多项式打印的函数。

④ 编写一元多项式相加的函数。

⑤ 编写主函数，两次调用一元多项式创建的函数，一次调用一元多项式相加的函数，一次调用一元多项式打印的函数。

3. 项目代码

代码清单 11.20：

```
#include "stdio.h"
//一元多项式定义
typedef struct node{
    float coef;                    //系数
    int expn;                      //指数
    struct node *next;             //后继
}pnode,*polynomial;
//一元多项式的创建
polynomial createpolyn(polynomial p,int m)
{
    int i;
    polynomial q,pre,s;                        //结点q,pre,s
    p=(polynomial)malloc(sizeof(pnode)); //生成新结点
    p->next=0;                                 //先建立一个带头结点的单链表
    p->expn=-1;                                //头结点指数值设为-1
    for(i=0;i<m;i++)                           //依次输入m个非零值
    {
        s=(polynomial)malloc(sizeof(pnode)); //生成新结点
        printf("输入系数和指数:");
        scanf("%f%d",&s->coef,&s->expn)     //输入系数和指数
        pre=p;                                 //pre用于保存q的前驱
        q=p->next;                             //q初值为首结点
        while(q&&q->expn<=s->expn){            //找到第一个大于输入项指数的项q
            pre=q;
            q=q->next;
        }
        s->next=q;pre->next=s;                 //将输入项s插入q和pre之间
    }
    printf("--创建成功--\n");
    return p;
}
//一元多项式打印
void pri(polynomial p)
{
    polynomial q;
    int id=1;
    q=p->next;                                 //第一项(首结点)
    printf("加法运算后结果为:\n");
    while(q)
    {
```

```
                printf("第%d个结点:系数%f,指数%d\n",id,q->coef,q->expn);
                q=q->next;                        //结点后移
                id++;
        }
}
//一元多项式相加
polynomial addpolyn(polynomial pa,polynomial pb)
{
        polynomial p1,p2,p3,q;
        int sum;                                  //系数和sum
        p1=pa->next;p2=pb->next;
        p3=pa;                                    //p3指向和多项式的当前结点
        while(p1&&p2){                            //p1和p2均非空
            if(p1->expn==p2->expn){              //指数相同
                    sum=p1->coef+p2->coef;        //sum保存两项的系数和
                    if(sum){                      //系数和不为0
                            p1->coef=sum;         //修改结点p1的系数值p3->next=p1;
                            p3->next=p1;
                            p3=p1;                //将修改后的结点p1链在p3之后
                            p1=p1->next;          //p1指向后一项
                            q=p2;p2=p2->next;free(q);  //删除pb当前结点q
                    }else{                              //系数和为0
                            q=p1;p1=p1->next;free(q);   //删除pa当前结点p1
                            q=p2;p2=p2->next;free(q);   //删除pb当前结点p2
                    }
            }else{
                    if(p1->expn<=p2->expn){      //pa当前结点p1的指数值小
                            p3->next=p1;          //将p1连在p3之后
                            p3=p1;                //p3指向p1
                            p1=p1->next;          //p1指向后一项
                    }else{
                            p3->next=p2;          //pb当前结点p2的指数值小
                            p3=p2;                //将p2连接在p3之后
                            p2=p2->next;          //p2指向后一项
                    }
            }
        }
        p3->next=p1?p1:p2;                        //插入非空多项式的剩余段
        free(pb);                                 //释放pb的头结点
        return pa;                                //返回和多项式
}
main()
{
        int m;
        polynomial pa,pb,pc;                      //声明一元多项式pa、pb、pc
        printf("==================创建一元多项式=======================");
        printf("创建A项数:");scanf("%d",&m);      //创建pa项数
        pa=createpolyn(pa,m);                     //创建一元多项式pa
        printf("创建B项数:");scanf("%d",&m);      //创建pb项数
        pb=createpolyn(pb,m);                     //创建一元多项式pb
        printf("==================一元多项式相加=======================");
```

```
    pc=addpolyn(pa,pb);                          //一元多项式相加
    pri(pc);                                     //打印一元多项式pc
    printf("==========================END==========================");
}
```

同步训练

一、选择题

1. 设有下面的定义。

```
struct st
{ int a;
   float b;
}d;
int *p;
```

其中，要使 p 指向结构变量 d 中的 a 成员，正确的赋值语句是（   ）。

    A. *p=d.a;   B. p=&a;   C. p=d.a;   D. p=&d.a;

2. 有下列程序段。

```
typedef struct NODE
{  int num;
   struct NODE *next;
}OLD;
```

下列叙述中正确的是（   ）。

    A. 以上的说明形式非法   B. NODE 是一个结构体类型

    C. OLD 是一个结构体类型   D. OLD 是一个结构体变量

3. 以下对 C 语言中共用体类型数据的正确叙述是（   ）。

    A. 定义了共用体变量后，即可引用该变量中的任意成员

    B. 共用体变量中可以同时存放其所有成员

    C. 共用体中的各个成员使用共同的存储区域

    D. 在向共用体中的一个成员进行赋值时，共用体中其他成员值不会改变

4. 下列程序的输出结果为（   ）。

```
main()
{ union un
  { char *name;
    int age;
    int pay;
  } s;
  s.name="zhaoming";
  s.age=32;
  s.pay=3000;
  printf("%d\n",s.age);
}
```

    A. 32   B. 3000   C. 0   D. 不确定

5. 若有以下程序段。

```
struct st
{
```

```
      int n;
      int *m;
    };
    int a=2,b=3,c=5;
    struct st s[3]={{101,&a},{102,&c},{103,&b}};
    main()
    { struct st *p;
      p=s;
    }
```

则以下表达式中值为 5 的是（   ）。

  A. (p++)->m   B. *(p++)->m   C. (*p).m   D. *(++p)->m

二、填空题

  1. 结构体类型的关键字是_____，共用体类型的关键字是_____，枚举类型的关键字是_____。

  2. 设有声明"struct DATE{int year;int month;int day;};"，写出一条定义语句，该语句定义 d 为上述结构体类型的变量，并同时为其成员 year、month、day 且依次赋值 2014、9、3，则该语句是_____。

  3. 以下程序的运行结果是_____。

```
#include "stdio.h"
main()
{
    struct date
    {int year,month,day;}today;
    printf("%d\n",sizeof(struct date));
}
```

  4. 设有类型声明："enum color{red,yellow=4,white,black};"，则执行语句"printf("%d",white);"的结果是_____。

三、程序设计题

  1. 利用结构体类型，编程实现计算一名同学 5 门课的平均分。

  2. 定义一个日期（年、月、日）的结构体变量，计算该日在本年中是第几天？

  3. 建立一个职工情况统计表，它应包括职工的工作证号、姓名、年龄、参加工作时间、文化程度及工资等项内容。输出单位职工的平均年龄、平均工龄和平均工资。

技能训练

构造类型的应用

第12章

位运算

学习目标

- 理解位运算的概念。
- 掌握位运算符的运算规则。
- 掌握位运算符的应用。
- 掌握位运算应用中常见编译错误与解决方法。

实例描述——数据右循环移位操作

已知一个八位的十六进制数据，将其向右进行循环移位运算，函数名为 move，调用方法为 move(value,n)，其中 value 为要循环移位的数，n 为向右位移的位数。请采用位运算相关知识实现程序设计，运行结果如图12.1所示。

图 12.1 实例运行结果

知识储备

程序中的所有数在计算机内存中都是以二进制的形式存储的。位运算就是直接对整数在内存中的二进制位进行操作。C语言提供了位运算的功能，这使得C语言也能像汇编语言一样用来编写系统程序，本章将针对位运算定义、位运算符及位运算符的应用进行详细的讲解。

12.1 位运算概述

计算机系统的内存储器是由许多称为字节的单元组成的，1个字节由8个二进制位（bit）构成，每位取值为0或1。最右端的位称为最低位，最左边的位称为最高位，并且从最低位到最高位按顺序依次编号。计算机真正执行的是由0和1信号组成的机器指令，数据也是以二进制形式表示的，因此最终实现计算机的操作，就是要对这些0和1信号进行操作。每一个0和1的状态称为位状态，位与位之间的运算称为位运算。

12.2 位运算符及其表达式

在单片机与嵌入式系统软件设计中，经常用到位运算。所谓位运算，是指对二进制位的运算。C语言提供了如表12.1所列出的位运算符。

表 12.1 位运算符及其含义

位运算符	含义
&	按位与
|	按位或
^	按位异或
~	按位取反
<<	左移
>>	右移

（1）位运算符中除~以外，均为二目运算符，即要求两侧各有一个运算量。

（2）运算量只能是整型或字符型数据，不能为实型数据。

12.2.1 "按位与"运算符

参加运算的两个数据，按二进制位进行"与"（&）运算，即0&0=0，0&1=0，1&0=0，1&1=1。

V12-1 按位与运算

例如：0x23 与 0x45 按位与，运算如下。

$$
\begin{array}{r}
0\,0\,1\,0\,0\,0\,1\,1 \quad (0\text{x}23) \\
\&)\quad 0\,1\,0\,0\,0\,1\,0\,1 \quad (0\text{x}45) \\
\hline
0\,0\,0\,0\,0\,0\,0\,1 \quad (0\text{x}01)
\end{array}
$$

特殊用途："与 0 清零、与 1 保留"，通过这种方式可以将数据的某些位进行清零，某些位保留不变。例如，将 0x23 的高 4 位清零，低 4 位保留不变，运算如下。

$$
\begin{array}{r}
0\,0\,1\,0\,0\,0\,1\,1 \quad (0\text{x}23) \\
\&)\quad 0\,0\,0\,0\,1\,1\,1\,1 \quad (0\text{x}0f) \\
\hline
0\,0\,0\,0\,0\,0\,1\,1 \quad (0\text{x}03)
\end{array}
$$

12.2.2 "按位或"运算符

参加运算的两个数据，按二进制位进行"或"（|）运算，即 0 | 0=0，0 | 1=1，1 | 0=1，1 | 1=1。例如，0x23 与 0x45 按位或，运算如下。

$$
\begin{array}{r}
0\,0\,1\,0\,0\,0\,1\,1 \quad (0\text{x}23) \\
|)\quad 0\,1\,0\,0\,0\,1\,0\,1 \quad (0\text{x}45) \\
\hline
0\,1\,1\,0\,0\,1\,1\,1 \quad (0\text{x}67)
\end{array}
$$

特殊用途："或 1 置 1、或 0 保留"，通过这种方式可以将数据的某些位进行置 1，某些位保留不变。例如，将 0x23 的高 4 位置 1，低 4 位保留不变，运算如下。

$$
\begin{array}{r}
0\,0\,1\,0\,0\,0\,1\,1 \quad (0\text{x}23) \\
|)\quad 1\,1\,1\,1\,0\,0\,0\,0 \quad (0\text{x}f0) \\
\hline
1\,1\,1\,1\,0\,0\,1\,1 \quad (0\text{x}f3)
\end{array}
$$

V12-2 按位或运算

V12-3 按位异或运算

12.2.3 "按位异或"运算符

参加运算的两个数据，按二进制位进行"异或"（^）运算，两者相异为 1，相同为 0。即 0 ^ 0=0，0 ^ 1=1，1 ^ 0=1，1 ^ 1=0。

例如，0x23 与 0x45 按位异或，运算如下。

$$
\begin{array}{r}
0\,0\,1\,0\,0\,0\,1\,1 \quad (0\text{x}23) \\
^)\quad 0\,1\,0\,0\,0\,1\,0\,1 \quad (0\text{x}45) \\
\hline
0\,1\,1\,0\,0\,1\,1\,0 \quad (0\text{x}66)
\end{array}
$$

特殊用途："异或 1 取反，异或 0 保留"，通过这种方式可以将数据的某些位进行取反，某些位保留不变。例如，将 0x23 的高 4 位取反，低 4 位保留不变，运算如下。

$$
\begin{array}{r}
0\,0\,1\,0\,0\,0\,1\,1 \quad (0\text{x}23) \\
^)\quad 1\,1\,1\,1\,0\,0\,0\,0 \quad (0\text{x}f0) \\
\hline
1\,1\,0\,1\,0\,0\,1\,1 \quad (0\text{x}d3)
\end{array}
$$

V12-4 按位取反运算

12.2.4 "按位取反"运算符

"按位取反"运算符（~）用来对一个二进制数按位取反，即将 0 变 1，将 1 变 0。
例如，将 0x55 按位取反，运算如下。

$$
\begin{array}{r}
0\,1\,0\,1\,0\,1\,0\,1 \quad (0\text{x}55) \\
\sim)\qquad\downarrow\qquad\quad
\end{array}
$$

10101010　　　（0xaa）

V12-5　按位左移
右移运算

12.2.5　"左移"运算符

"左移"运算符（<<）用来将一个数的各二进制位全部左移若干位。例如 a<<3，表示将 a 的二进制数左移 3 位，高位溢出后溢出丢弃，低位补 0，如图 12.2 所示。

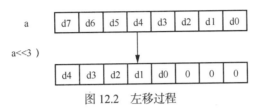

图 12.2　左移过程

12.2.6　"右移"运算符

"右移"运算符（>>）用来将一个数的各二进制位全部右移若干位。例如 a>>3，表示将 a 的二进制数右移 3 位，低位溢出后溢出丢弃，对于无符号数，高位补 0，如图 12.3 所示。

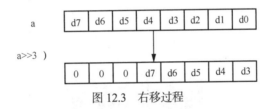

图 12.3　右移过程

12.3　位运算应用

【例 12.1】 位运算符使用举例。

代码清单 12.1：

```
#include "stdio.h"
void main()
{
    unsigned a,b;
    printf("input a number:   ");
    scanf("%d",&a);
    b=a>>5;
    b=b&15;
    printf("a=%d\tb=%d\n",a,b);
}
```

运行结果如图 12.4 所示。

图 12.4　【例 12.1】运行结果

【例 12.2】 位运算符使用举例。

代码清单 12.2:

```
#include "stdio.h"
void main()
{
    unsigned char a,b,c,r1,r2,r3,r4;
    a=0x23;
    b=0x45;
    c=0x55;
    r1=a&b;
    r2=a|b;
    r3=a^b;
    r4=~c;
    /*以十六进制形式输出变量的值*/
    printf("a=%x,b=%x,c=%x\n",a,b,c);
    printf("a&b=%x\n",r1);
    printf("a|b=%x\n",r2);
    printf("a^b=%x\n",r3);
    printf("~c=%x\n", r4);
}
```

运行结果如图 12.5 所示。

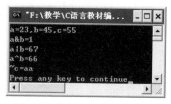

图 12.5 【例 12.2】运行结果

12.4 常见编译错误与解决方法

位运算程序设计过程中常见的错误及解决方法如下。

1. 变量类型定义为 float

代码清单 12.3:

```
#include "stdio.h"
void main()
{
    float a,b;              //定义变量类型为float
    scanf("%f",&a);        //输入变量a的值
    b=a>>3;                //a右移3位
    printf("b=%f",b);      //输出b的值
}
```

显示错误:

```
error C2296: '>>' : illegal, left operand has type 'float '
```

解决方法：实型数据不能进行位操作，将 float 修改为 int。

2. 运算符的程序中变量类型习惯定义为 unsigned char，且使用十六进制表示方式

代码清单12.4：

```
#include "stdio.h"
void main()
{
    unsigned char a=0x23,b;      //定义变量
    b=a<<2;                      //a左移2位
    printf("b=%x\n",b);          //以十六进制形式输出变量b的值
}
```

运行结果输出："b=8c"。

3. 注意 " << " 和 " >> " 运算符移出的部分数据当即丢弃

代码清单12.5：

```
#include "stdio.h"
#include  "stdio.h"
void main()
{
    unsigned char a=0x09,b;    //定义变量
    b=a>>2;                    //a右移2位
    printf("b=%x\n",b);        //以十六进制形式输出变量b的值
}
```

运行结果输出："b=2"。

实例分析与实现

1. 实例分析

（1）循环移位原理：向右循环移位是指低位向右移出去的数据再补充到左边高位。
例如定义一变量"unsigned char a=0x9d"，向右循环移 3 位，实现原理如下。
源数据为

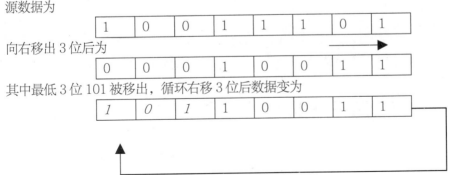

向右移出 3 位后为

其中最低 3 位 101 被移出，循环右移 3 位后数据变为

移出去的 101 补充到了高 3 位。

（2）循环移位实现方法：用源数据 a=0x9d 为例，定义中间变量 temp1、temp2 和 value。

① 变量 a 右移 3 位 "temp1=a>>3"，temp1 的值为

0	0	0	1	0	0	1	1

② 变量 a 左移 5 位 "temp2=a<<5"，temp2 的值为

1	0	1	0	0	0	0	0

③ temp1 和 temp2 相或 "value=temp1|temp2"，value 的值为

1	0	1	1	0	0	1	1

具体算法如下。

① 定义移位函数 move，在函数体中先右移 n 位，再左移 8-n 位，将两个移位后的数据相或，返回相或后的结果。

② 在主函数中，定义变量存放要操作的数据和要移动的位数变量，且存放要操作的数据变量定义为 unsigned char 类型，因为 unsigned 标识符就是将数字类型无符号化，没有负数，char 类型占一个字节，也就是占八位。

③ 输入数据和要移动的位数。

④ 调用移位函数，返回移位后的数据。

⑤ 输出移位后的数值。

2. 项目代码

代码清单 12.6：

```
#include "stdio.h"
unsigned char move(unsigned char value,int n)     //移位函数
{
    unsigned char temp1,temp2,b;
    temp1=value>>n;                   //value先右移n位
    temp2=value<<(8-n);               //value左移8-n位
    b=temp1|temp2;                    //temp1和temp2相或
    return  b;                        //返回b的值
}
main()
{
    unsigned char value;             //定义变量存放要操作的数据
    int n;                           //定义变量n，存放移动位数
    printf("请输入数据和右移位数：\n");
    scanf("%x%d",&value,&n);         //输入数据和要移动的位数
    value=move(value,n);             //调用移位函数
    printf("value=%x\n",value);      //输出移位后的数值
}
```

进阶案例——数据左右循环移位操作

1. 案例介绍

已知一个八位的十六进制数据，实现向左或者向右进行循环移位运算的函数名为 move，调用方法为 move(value,n)，其中 value 为要循环移位的数，n 为向右位移的位数。如 n<0 表示左移，

n>0 为右移；如 n=4，表示要右移 4 位;n=-3，为要左移 3 位。请采用位运算相关知识实现程序设计，运行结果如图 12.6 所示。

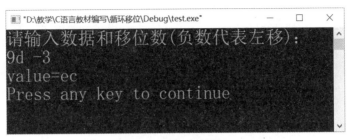

图 12.6　运行结果

2. 案例分析

在上个案例中，已实现了向右循环移位运算，该案例中加了一个向左循环移位运算，那么就要判断输入的移位数，如果是正数就进行右循环移位运算，如果是负数就进行左循环移位运算。

具体算法如下。

① 定义移位函数 move，在函数体中判断 n 的大小，如果 n>0，先右移 n 位，再左移 8-n 位；如果 n<0，先将 n 变为正数-n，再左移 n 位，然后右移 8-n 位，最后将两个移位后的数据相或，返回相或后的结果。

② 在主函数中，定义变量存放要操作的数据和要移动的位数变量。

③ 输入数据和要移动的位数，注意负数代表左移运算。

④ 调用移位函数，通过判断 n 的大小，执行相应操作，返回移位后的数据。

⑤ 输出移位后的数值。

3. 项目代码

代码清单 12.7:

```c
#include "stdio.h"
unsigned char move(unsigned char value,int n)      //移位函数
{
    unsigned char temp1,temp2,b;
    if(n>0)
    {
        temp1=value>>n;                            //value先右移n位
        temp2=value<<(8-n);                        //value左移8-n位
    }
    else
    {
        n=-n;                                      //n变为正数
        temp1=value<<n;                            //value先左移n位
        temp2=value>>(8-n);                        //value右移8-n位
    }
    b=temp1|temp2;                                 //temp1和temp2相或
    return  b;                                     //返回b的值
}
main()
```

```
{
    unsigned char value;                  //定义变量存放要操作的数据
    int n;                                //定义变量n，存放移动位数
    printf("请输入数据和移位数(负数代表左移)：\n");
    scanf("%x%d",&value,&n);              //输入数据和要移动的位数
    value=move(value,n);                  //调用移位函数
    printf("value=%x\n",value);           //输出移位后的数值
}
```

同步训练

一、选择题

1. 以下运算符中优先级最高的是（　　　），优先级最低的是（　　　）。
   A. &&　　　　　　　B. &　　　　　　　C. ||　　　　　　　D. |
2. 在位运算中，操作数左移一位，其结果相当于（　　　）。
   A. 操作数乘以2　　　　　　　　　B. 操作数除以2
   C. 操作数除以4　　　　　　　　　D. 操作数乘以4
3. 在位运算中，操作数右移一位，其结果相当于（　　　）。
   A. 操作数乘以2　　　　　　　　　B. 操作数除以2
   C. 操作数除以4　　　　　　　　　D. 操作数乘以4
4. 已知"int a=1,b=3"，则 a^b 的值为（　　　）。
   A. 1　　　　　　　B. 2　　　　　　　C. 3　　　　　　　D. 4
5. 设有以下语句。
   ```
   char x=3,y=6,z;
   z=x^y<<2;
   ```
   则 z 的二进制值是（　　　）。
   A. 00010100　　　　　　　　　　B. 00011011
   C. 00011100　　　　　　　　　　D. 00011000

二、填空题

1. 设二进制数 A 是 00101101，若想通过异或运算 A^B 使 A 的高 4 位取反，低 4 位不变，则二进制数 B 应是＿＿＿＿。
2. 有定义"char a,b;"，若想通过&运算符保留 a 的第 3 位和第 6 位的值，则 b 的二进制数应是＿＿＿＿。
3. 若"int a,b=10;"，执行"a=b<<2+1;"后 a 的值是＿＿＿＿。
4. 若有"int a=1;int b=2;"，则 a|b 的值是＿＿＿＿。

技能训练

位运算的应用

第13章

文件

学习目标

- 理解文件的概念。
- 掌握文件的打开与关闭操作。
- 掌握文件的各种读写操作。
- 掌握文件操作中常见编译错误与解决方法。

实例描述——学生成绩管理系统设计

学生成绩管理系统功能包括录入学生成绩记录、保存所有学生记录、读取所有学生记录、按总成绩递减输出、按学号查询成绩和退出操作，运行结果如图 13.1 所示。利用文件，可以分别实现以上功能的程序设计。

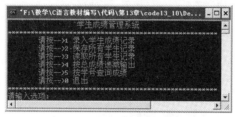

图 13.1　学生成绩管理系统主界面

知识储备

前面章节中介绍了数据都存储在内存中的，一般情况下，数据在计算机上都是以文件的形式存放的，在程序中也经常需要对文件进行操作。例如，打开一个文件，向文件写入内容或者读取内容。本章将针对 C 语言中的各种文件操作进行详细的讲解。

13.1　文件概述

所谓"文件"，是指一组相关数据的有序集合。实际上，前文各章中已经多次使用了文件，例如源程序文件、目标文件、可执行文件、库文件（头文件）等。

V13-1　文件概述及
文件指针

文件通常是驻留在外部介质（如磁盘等）上的，在使用时才调入内存中来。从不同的角度可对文件做不同的分类。从用户的角度看，文件可分为普通文件和设备文件两种。

普通文件是指驻留在磁盘或其他外部介质上的有序数据集，可以是源文件、目标文件、可执行程序，也可以是一组待输入处理的原始数据，或者是一组输出的结果。源文件、目标文件、可执行程序可以称作程序文件，输入输出数据可称作数据文件。

设备文件是指与主机相连的各种外部设备，如显示器、打印机、键盘等。在操作系统中，把外部设备也看作是一个文件来进行管理，把它们的输入、输出等同于对磁盘文件的读和写。

通常把显示器定义为标准输出文件，一般情况下在屏幕上显示有关信息就是向标准输出文件输出数据。如前面经常使用的 printf、putchar 函数就是这类输出。

键盘通常被指定为标准的输入文件，从键盘上输入就意味着从标准输入文件上读取数据。scanf、getchar 函数就属于这类输入。

从文件编码的方式来看，文件可分为 ASCII 码文件和二进制码文件两种。ASCII 文件也称为文本文件，这种文件在磁盘中存放时每个字符对应一个字节，用于存放对应的 ASCII 码。

例如数据 5678 的存储形式如下，共占用 4 个字节。

ASCII 码：	00110101	00110110	00110111	00111000
	↓	↓	↓	↓
十进制码：	5	6	7	8

ASCII 码文件可在屏幕上按字符显示，例如源程序文件就是 ASCII 文件，用 DOS 命令 TYPE 可显示文件的内容。由于是按字符显示，因此能读懂文件内容。

二进制文件是按二进制的编码方式来存放文件的。

例如：数据 5678 的存储形式为 00010110　00101110，只占两个字节。二进制文件虽然也可在屏幕上显示，但其内容无法读懂。C 系统在处理这些文件时，并不区分类型，都看成字符流，按字节进行处理。

输入输出字符流的开始和结束只由程序控制，而不受物理符号（如回车符）的控制，因此也把这种文件称作"流式文件"。

本章内容针对流式文件进行打开、关闭、读、写等各种操作。

13.2　文件指针

在 C 语言中用一个指针变量指向一个文件，这个指针称为文件指针，通过文件指针可对它所指的文件进行各种操作。

定义声明文件指针的一般形式为：

```
FILE *指针变量标识符；
```

其中 FILE 应为大写，它实际上是由系统定义的一种结构，该结构中含有文件名、文件状态和文件当前位置等信息。在编写源程序时不必关心 FILE 结构的细节。

例如"FILE *fp;"，表示 fp 是指向 FILE 结构的指针变量，通过 fp 即可找到存放某个文件信息的结构变量，然后按结构变量提供的信息找到该文件，实施对文件的操作。

习惯上笼统地把 fp 称为指向一个文件的指针。

V13-2　文件打开与关闭

13.3　文件的打开与关闭

对文件进行读写操作之前要先打开，使用完毕要关闭。所谓打开文件，实际上是建立文件的各种有关信息，并使文件指针指向该文件，以便进行其他操作。关闭文件则断开指针与文件之间的联系，即禁止再对该文件进行操作。

在 C 语言中，文件操作都是由库函数来完成的。本章将介绍主要的文件操作函数。

13.3.1　打开文件函数

打开文件函数 fopen 用来打开一个文件，其调用的一般形式为：

```
文件指针名=fopen(文件名,使用文件方式)；
```

其中，文件指针名必须是被说明为 FILE 类型的指针变量；文件名是被打开文件的文件名，表示方式为字符串常量或字符串数组；使用文件方式是指文件的类型和操作要求。

例如：

```
FILE *fp;
fp=fopen("file a","r");
```

其意义是在当前目录下打开文件 file a，只允许进行"读"操作，并使 fp 指向该文件。

又如：

```
FILE *fphzk;
fphzk=fopen("c:\\hzk16","rb");
```

其意义是打开 C 盘根目录下的文件 hzk16，这是一个二进制文件，只允许按二进制方式进行读操作。两个反斜线"\\"中的第一个表示转义字符，第二个表示根目录。

使用文件的方式共有 12 种，表 13.1 给出了它们的符号和意义。

表 13.1　文件使用方式及意义

文件使用方式	意　　义
"rt"	只读打开一个文本文件，只允许读数据
"wt"	只写打开或建立一个文本文件，只允许写数据
"at"	追加打开一个文本文件，并在文件末尾写数据
"rb"	只读打开一个二进制文件，只允许读数据
"wb"	只写打开或建立一个二进制文件，只允许写数据
"ab"	追加打开一个二进制文件，并在文件末尾写数据
"rt+"	读写打开一个文本文件，允许读和写
"wt+"	读写打开或建立一个文本文件，允许读写
"at+"	读写打开一个文本文件，允许读，或在文件末尾追加数据
"rb+"	读写打开一个二进制文件，允许读和写
"wb+"	读写打开或建立一个二进制文件，允许读和写
"ab+"	读写打开一个二进制文件，允许读，或在文件末尾追加数据

对于文件使用方式有以下几点说明。

（1）文件使用方式由 r、w、a、t、b、+6 个字符拼成，各字符的含义如下。

r（read）：读。

w（write）：写。

a（append）：追加。

t（text）：文本文件，可省略不写。

b（binary）：二进制文件。

+：读和写。

（2）凡用 r 打开一个文件时，该文件必须已经存在，且只能从该文件读出。

（3）用 w 打开的文件只能向该文件写入。若打开的文件不存在，则以指定的文件名建立该文件；若打开的文件已经存在，则将该文件删去，重建一个新文件。

（4）若要向一个已存在的文件追加新的信息，只能用 a 方式打开文件。但此时该文件必须是存在的，否则将会出错。

（5）在打开一个文件时，如果出错，fopen 函数将返回一个空指针值 NULL。在程序中可以用这一信息来判断是否完成了打开文件的工作，并做相应的处理，因此常用以下程序段打开文件。

```
if((fp=fopen("c:\\hzk16","rb"))==NULL)
{
    printf("\nerror on open c:\\hzk16 file!");
    getch();
    exit(1);
}
```

这段程序的意义是，如果返回的指针为空，表示不能打开 C 盘根目录下的 hzk16 文件，则给出提示信息"error on open c:\ hzk16 file!"，下一行 getch 函数的功能是从键盘输入一个字符，但不在屏幕上显示。在这里，该行的作用是等待，只有当用户从键盘敲任一键时，程序才继续执行，因此用户可利用这个等待时间阅读出错提示。敲键后执行"exit(1);"退出程序。

（6）把一个文本文件读入内存时，要将 ASCII 码转换成二进制码；把文件以文本方式写入磁盘时，也要把二进制码转换成 ASCII 码，因此文本文件的读写要花费较多的转换时间。对二进制文件的读写不存在这种转换。

（7）标准输入文件（键盘）、标准输出文件（显示器）、标准出错输出（出错信息）是由系统打开的，可直接使用。

13.3.2　关闭文件函数

文件一旦使用完毕，应用关闭文件函数 fclose 把文件关闭，以避免出现文件的数据丢失等错误。fclose 函数调用的一般形式为：

```
fclose(文件指针);
```

例如 "fclose(fp);"，正常完成关闭文件操作时，fclose 函数返回值为 0；如返回非零值，则表示有错误发生。

13.4　文件的读写操作函数

实际项目开发过程中，对文件的读和写是最常用的文件操作，C 语言提供了多种文件读写函数，具体分类如下。

> 字符读写函数：fgetc 和 fputc。
> 字符串读写函数：fgets 和 fputs。
> 数据块读写函数：fread 和 fwrite。
> 格式化读写函数：fscanf 和 fprinf。

V13-3　字符读写
操作

使用以上函数时都要求包含头文件<stdio.h>。

13.4.1　字符读写函数

字符读写函数是以字符（字节）为单位的读写函数，每次可从文件读出或向文件写入一个字符。

1.　读字符函数 fgetc

fgetc 函数的功能是从指定的文件中读一个字符，函数调用的形式为：

```
字符变量=fgetc(文件指针);
```

例如：

```
        ch=fgetc(fp);
```

其意义是从打开的文件 fp 中读取一个字符赋给 ch。

对于 fgetc 函数的使用有以下几点说明。

（1）在 fgetc 函数调用中，读取的文件必须是以读或读写方式打开的。

（2）读取字符的结果也可以不向字符变量赋值，但是读出的字符不能保存。例如：

```
fgetc(fp);
```

（3）在文件内部有一个位置指针，用来指向文件的当前读写字节。在文件打开时，该指针总是指向文件的第一个字节。使用 fgetc 函数后，该位置指针将向后移动一个字节，因此可连续多次使用 fgetc 函数，读取多个字符。应注意文件指针和文件内部的位置指针不是一回事，文件指针是指向整个文件的，须在程序中定义声明，只要不重新赋值，文件指针的值是不变的；文件内部的位置指针用以指示文件内部的当前读写位置，每读写一次，该指针均向后移动，它不需在程序中定义声明，而是由系统自动设置的。

【例 13.1】 假设路径 d:\example\下有文件 c1.txt，请编写程序读取文件 c1.txt 中的内容，并在屏幕上输出。

代码清单 13.1：

```
#include "stdio.h"
#include "conio.h"
#include "stdlib.h"
void main()
{
  FILE *fp;
  char ch;
  if((fp=fopen("d:\\example\\c1.txt","rt"))==NULL)     //以只读方式打开文件
  {
    printf("\nCannot open file press any key exit!");
    getch();
    exit(1);
  }
  ch=fgetc(fp);                          //循环读取文件里面的每一个字符并显示
  while(ch!=EOF)                         //判断文件是否结束
  {
    putchar(ch);
    ch=fgetc(fp);
  }
  fclose(fp);
}
```

2. 写字符函数 fputc

fputc 函数的功能是把一个字符写入指定的文件中，函数调用的形式为：

```
fputc(字符量，文件指针)；
```

其中，待写入的字符量可以是字符常量或变量，例如：

```
fputc('a',fp)；
```

其意义是把字符 a 写入 fp 所指向的文件中。

对于 fputc 函数的使用也要说明几点。

（1）被写入的文件可以用写、读写、追加方式打开，用写或读写方式打开一个已存在的文件时，将清除原有的文件内容，写入字符从文件首开始。如需保留原有文件内容，希望写入的字符从文件末开始存放，必须以 a 方式打开文件。被写入的文件若不存在，则创建该文件。

（2）每写入一个字符，文件的内部位置指针向后移动一个字节。

（3）fputc 函数有一个返回值，如写入成功，则返回写入的字符，否则返回一个 EOF。可用此来判断写入是否成功。

【例 13.2】 从键盘输入一行字符，写入 c2.txt 文件，再把该文件内容读出显示在屏幕上。

代码清单 13.2：

```
#include "stdio.h"
#include "conio.h"
#include "stdlib.h"
```

```
void main()
{
  FILE *fp;
  char ch;
  if((fp=fopen("d:\\example\\c2.txt","wt+"))==NULL)   //以读写方式打开文件
  {
    printf("Cannot open file press any key exit!");
    getch();
    exit(1);
  }
  printf("input a string:\n");
  ch=getchar();                       //循环从键盘输入字符
  while(ch!='\n')                     //遇到回车结束
  {
    fputc(ch,fp);                     //将该字符写入文件
    ch=getchar();
  }
  rewind(fp);                         //将文件内部位置指针移至文件首
  ch=fgetc(fp);
  while(ch!=EOF)                      //循环读取文件里面每一个字符并显示
  {
    putchar(ch);
    ch=fgetc(fp);
  }
  printf("\n");
  fclose(fp);
}
```

13.4.2 字符串读写函数

1. 读字符串函数 fgets

V13-4 字符串读
写操作

fgets 函数的功能是从指定的文件中读一个字符串到字符数组中，函数调用的形式为：

```
fgets(字符数组名,n,文件指针);
```

其中，n 是一个正整数，表示从文件中读出的字符串不超过 n-1 个字符。在读入的最后一个字符后加上串结束标志"\0"。

例如：

```
fgets(str,n,fp);
```

其意义是从 fp 所指的文件中读出 n-1 个字符送入字符数组 str 中。

【例 13.3】 从 c2.txt 文件中读出一个含 10 个字符的字符串。

代码清单 13.3：

```
#include "stdio.h"
#include "conio.h"
#include "stdlib.h"
void main()
{
  FILE *fp;
  char str[11];
```

```
    if((fp=fopen("d:\\example\\c2.txt","rt"))==NULL)          //以只读方式打开文件
    {
      printf("\nCannot open file press any key exit!");
      getch();
      exit(1);
    }
    fgets(str,11,fp);                   //从文件中读入一个含10个字符的字符串放入数组str
    printf("\n%s\n",str);               //输出数组内容
    fclose(fp);
}
```

对 fgets 函数有如下两点说明。

（1）在读出 n-1 个字符之前，如遇到了换行符或 EOF，则读出结束。

（2）fgets 函数也有返回值，其返回值是字符数组的首地址。

2. 写字符串函数 fputs

fputs 函数的功能是向指定的文件写入一个字符串，其调用形式为：

```
fputs(字符串,文件指针);
```

其中，字符串可以是字符串常量，也可以是字符数组名或指针变量，例如：

```
fputs("abcd",fp);
```

其意义是把字符串 "abcd" 写入 fp 所指的文件之中。

【例 13.4】 在【例 13.3】建立的文件 c2.txt 中追加一个字符串。

代码清单 13.4：

```
#include "stdio.h"
#include "conio.h"
#include "stdlib.h"
void main()
{
  FILE *fp;
  char ch,st[20];
  if((fp=fopen("d:\\example\\c2.txt","at+"))==NULL)          //以追加的方式打开文件
  {
    printf("Cannot open file press any key exit!");
    getch();
    exit(1);
  }
  printf("input a string:\n");
  scanf("%s",st);                       //输入一个字符串
  fputs(st,fp);                         //将字符串写入文件
  rewind(fp);                           //将文件内部位置指针移至文件首
  ch=fgetc(fp);                         //以字符形式读取文件并显示
  while(ch!=EOF)
  {
    putchar(ch);
    ch=fgetc(fp);
  }
  printf("\n");
  fclose(fp);
}
```

13.4.3　数据块读写函数

C 语言还提供了用于整块数据的读写函数，可用来读写一组数据，如一个数组元素、一个结构变量的值等。

读数据块函数调用的一般形式为：

```
fread(buffer,size,count,fp);
```

写数据块函数调用的一般形式为：

```
fwrite(buffer,size,count,fp);
```

其中，buffer 是一个指针，在 fread 函数中，它表示存放输入数据的首地址；在 fwrite 函数中，它表示存放输出数据的首地址。size 表示数据块的字节数。count 表示要读写的数据块块数。fp 表示文件指针。

例如：

```
fread(fa,4,5,fp);
```

其意义是从 fp 所指的文件中每次读 4 个字节（1 个实数）送入实数组 fa 中，连续读 5 次，即读 5 个实数到 fa 中。

【例 13.5】 从键盘输入两个学生数据，写入一个文件中，再读出这两个学生的数据显示在屏幕上。

代码清单 13.5：

```
#include "stdio.h"
struct student
{
  char name[10];
  int num;
  int age;
  float score;
}stu1[2],stu2[2],*p,*q;
void main()
{
  FILE *fp;
  char ch;
  int i;
  p=stu1;
  q=stu2;
  if((fp=fopen("d:\\example\\stu_list.txt","wb+"))==NULL)  //以读写方式打开文件
  {
    printf("Cannot open file strike any key exit!");
    getch();
    exit(1);
  }
  printf("\ninput data\n");
  for(i=0;i<2;i++,p++)                          //输入指针变量p所指向的结构体数据
    scanf("%s%d%d%f",p->name,&p->num,&p->age,&p->score);
  p=stu1;                                       //指针p重新指向结构体stu1首地址
  fwrite(p,sizeof(struct student),2,fp);        //将p所指向数据写入指针fp所指向的文件
  rewind(fp);                                   //将文件内部位置指针移至文件首
  fread(q,sizeof(struct student),2,fp);         //读取文件内容存放至结构体数组
  printf("\n\nname\tnumber        age          score\n");
```

```
   for(i=0;i<2;i++,q++)                      //输出结构体数组信息
     printf("%s\t%5d%7d     %.1f\n",q->name,q->num,q->age,q->score);
   fclose(fp);
 }
```

13.4.4　格式化读写函数

V13-6　格式化读
写操作

　　fscanf、fprintf 函数与前面使用的 scanf 和 printf 函数的功能相似，都是格式化读写函数。两者的区别在于，fscanf 和 fprintf 函数的读写对象不是键盘和显示器，而是磁盘文件。

　　这两个函数的调用格式为：

```
fscanf(文件指针,格式字符串,输入表列);
fprintf(文件指针,格式字符串,输出表列);
```

　　例如：

```
fscanf(fp,"%d%s",&i,s);
fprintf(fp,"%d%c",j,ch);
```

　　用 fscanf 和 fprintf 函数也可以完成【例 13.5】的操作，修改后的程序如代码清单 13.6 所示。

　　【例 13.6】 用 fscanf 和 fprintf 函数完成【例 13.5】的操作。

　　代码清单 13.6：

```
#include "stdio.h"
#include "conio.h"
#include "stdlib.h"
struct student
{
  char name[10];
  int num;
  int age;
  float score;
}stu1[2],stu2[2],*p,*q;
void main()
{
  FILE *fp;
  int i;
  p=stu1;                                   //指针p指向stu1数组
  q=stu2;                                   //指针q指向stu2数组
  if((fp=fopen("d:\\example\\stu_list.txt","wb+"))==NULL)   //以读写方式打开文件
  {
    printf("Cannot open file press any key exit!");
    getch();
    exit(1);
  }
  printf("\ninput data\n");
  for(i=0;i<2;i++,p++)                      //循环输入两组结构体数据
    scanf("%s%d%d%f",p->name,&p->num,&p->age,&p->score);
  p=stu1;                                   //p重新指向结构体数组首地址
  for(i=0;i<2;i++,p++)                      //循环将p指向的结构体数组写入文件fp
    fprintf(fp,"%s %d %d %f\n",p->name,p->num,p->age,p->score);
  rewind(fp);                               //将文件内部位置指针移至文件首
  for(i=0;i<2;i++,q++)                      //循环读取文件内容放入q所指向的数组
```

```
    fscanf(fp,"%s %d %d %f\n",q->name,&q->num,&q->age,&q->score);
  printf("\n\nname\tnumber      age        score\n");
  q=stu2;                               //q重新指向数组首地址
  for(i=0;i<2;i++,q++)                  //循环输出q所指向的数组内容
    printf("%s\t%5d  %7d      %f\n",q->name,q->num, q->age,q->score);
  fclose(fp);
}
```

与【例 13.5】相比，本程序中 fscanf 和 fprintf 函数每次只能读写一个结构体数组元素，因此采用了循环语句来读写全部数组元素。

13.5 常见编译错误与解决方法

文件章节程序设计过程中常见的错误、警告及解决方法举例如下。

1. 缺少头文件

"conio.h"：控制台输入输出头文件，其中定义了通过控制台进行数据输入和数据输出的函数，主要是一些用户通过按键盘产生的对应操作，比如 getch 函数等。

"stdlib.h"：标准库头文件，定义了 C 语言中常用的系统函数，比如 exit 等。

代码清单 13.7：

```
#include "stdio.h"
#include "conio.h"
void main()
{
  FILE *fp;
  char ch;
  if((fp=fopen("d:\\example\\c1.txt","rt"))==NULL)      //以只读方式打开文件
  {
    printf("\nCannot open file press any key exit!");
    getch();
    exit(1);
  }
  ch=fgetc(fp);                        //循环读取文件里面的每一个字符并显示
  while(ch!=EOF)                       //判断文件是否结束
  {
    putchar(ch);
    ch=fgetc(fp);
  }
  fclose(fp);
}
```

显示警告：

```
warning C4013: 'exit' undefined; assuming extern returning int
```

解决方法：在 main 函数上面加上代码 "#include<stdlib.h>"。

2. 定义文件指针时类型 FILE 使用了小写的 file

代码清单 13.8：

```
#include "stdio.h"
```

```
#include "conio.h"
#include "stdlib.h"
void main()
{
  file *fp;
  char str[11];
  if((fp=fopen("d:\\example\\c2.txt","rt"))==NULL)        //以只读方式打开文件
  {
    printf("\nCannot open file press any key exit!");
    getch();
    exit(1);
  }
  fgets(str,11,fp);                    //从文件中读入10个字符的字符串放入数组str
  printf("\n%s\n",str);        //输出数组内容
  fclose(fp);
}
```

显示错误：

```
error C2065: 'file' : undeclared identifier
```

解决方法：将文件指针代码定义类型 file 修改为 FILE。

3. 文件路径少写一个\

代码清单 13.9：

```
#include "stdio.h"
#include "conio.h"
#include "stdlib.h"
void main()
{
  FILE *fp;
  char ch;
  if((fp=fopen("d:\c1.txt","rt"))==NULL)        //以只读方式打开文件
  {
    printf("\nCannot open file press any key exit!");
    getch();
    exit(1);
  }
  ch=fgetc(fp);                          //循环读取文件里面的每一个字符并显示
  while(ch!=EOF)                        //判断文件是否结束
  {
    putchar(ch);
    ch=fgetc(fp);
  }
  fclose(fp);
}
```

显示警告：

```
warning C4129: 'c' : unrecognized character escape sequence
```

解决方法：将文件路径代码"d:\c1.txt"修改为"d:\\c1.txt"。

实例分析与实现

1. 实例分析

录入学生成绩记录就是输入学生成绩信息，如图 13.2 所示，其中结构体类型如下。

```
struct STUDENT
{   long id;          //学号
    char name[20];    //姓名
    char sex[10];     //性别
    int math;         //数学成绩
    int english;      //英语成绩
    int c_program;    //C语言成绩
    int total;        //总分
};
```

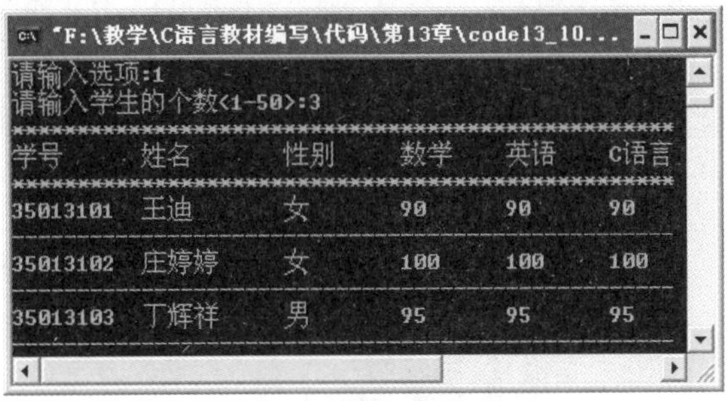

图 13.2　学生成绩信息录入界面

保存所有学生记录就是用文件保存所有学生信息，如图 13.3 所示。

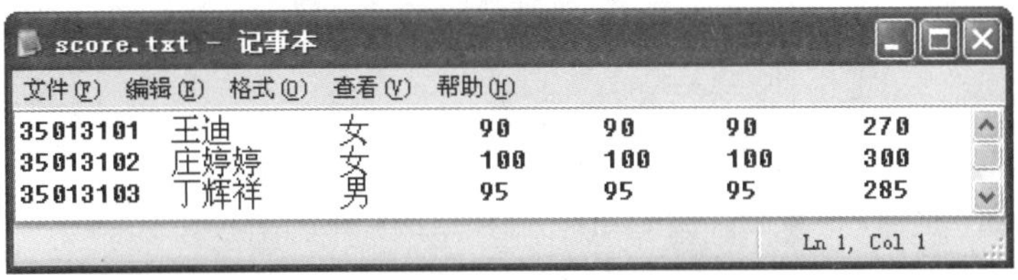

图 13.3　文件中数据界面

读取所有学生记录就是首先读取文件中的学生信息，然后显示到屏幕上，如图 13.4 所示。

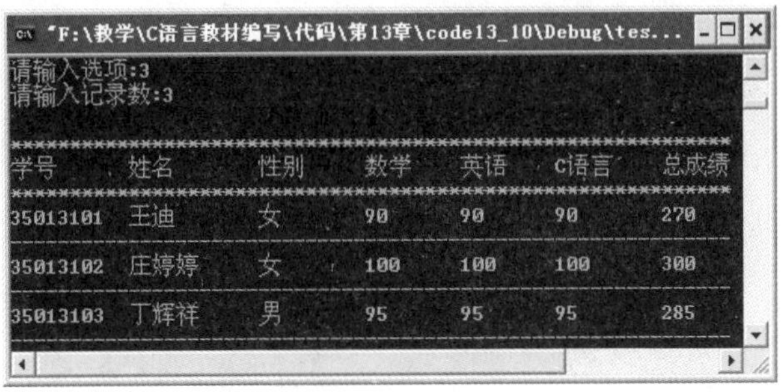

图 13.4　学生成绩信息读取及显示界面

按总成绩递减输出就是将每门课成绩累加求出总分，然后按照总分从高到低排序，如图 13.5 所示。

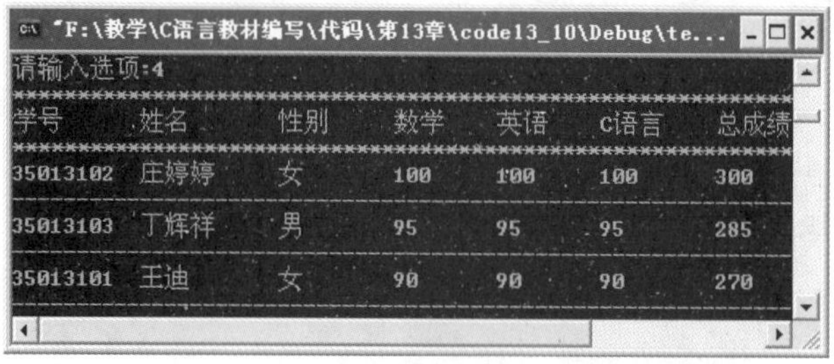

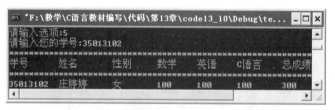

图 13.5　学生成绩信息排序后显示界面

按学号查询成绩就是输入学号，然后通过和所有学生信息逐一比较，找到学号相等的就显示该生信息，否则显示"该生信息不存在!"，如图 13.6 所示。

图 13.6　按学号查询学生信息界面

具体算法如下。

① 定义结构体数组 student 和全局变量 num。

② 编写主菜单界面，显示进入系统后的选择界面。

③ 编写录入学生成绩记录函数。

④ 编写保存文件函数，利用 fprintf 函数实现将结构体数组的数据保存到文件中。

⑤ 编写加载文件函数，利用 fscanf 函数实现从文件读取数据到结构体数组中。

⑥ 编写显示学生成绩记录函数。

⑦ 编写成绩递减输出函数。

⑧ 编写根据学号查询学生信息函数。

⑨ 在主函数中根据输入的选项利用 switch 循环结构调用各函数。

2. 项目代码

代码清单 13.10:

```
#include "stdio.h"
#include "stdlib.h"
int num;              //数据定义和全局变量
struct STUDENT
{   long id;          //学号
    char name[20];    //姓名
    char sex[10];     //性别
    int math;         //数学成绩
    int english;      //英语成绩
    int c_program;    //C语言成绩
    int total;        //总分
```

```
    }stu[50];
    //主菜单函数
    void page_title()
    {  printf("                    学生成绩管理系统\n");
       printf("****************************************************\n");
       printf("         请按-->1  录入学生成绩记录\n");
       printf("         请按-->2  保存所有学生记录\n");
       printf("         请按-->3  读取所有学生记录\n");
       printf("         请按-->4  按总成绩递减输出\n");
       printf("         请按-->5  按学号查询成绩\n");
       printf("         请按-->0  退出\n");
       printf("****************************************************\n");
    }
    //录入学生成绩记录函数
    void student_new()
    {
        int i;
        printf("请输入学生的个数<1-50>:");
        scanf("%d",&num);
        printf("**********************************************************\n");
        printf("学号        姓名        性别        数学      英语      C语言\n");
        printf("**********************************************************\n");
        for(i=0;i<num;i++)
        {  scanf("%ld%s%s%d%d%d",&stu[i].id,&stu[i].name,&stu[i].sex,&stu[i].math,&stu
[i].english,
            &stu[i].c_program);
            stu[i].total=stu[i].c_program+stu[i].english+stu[i].math;//求总成绩
            printf("----------------------------------------------------\n");
        }
    }
    //保存文件函数
    void save()
    {   int i;
        FILE *fp=fopen("c:\\score.txt","w+");
        if(fp==NULL)
        {  printf("文件打开失败!\n");
           exit(1);
        }
        for(i=0;i<num;i++)
        fprintf(fp,"%-10ld%-11s%-9s%-8d%-8d%-9d%-8d\n",stu[i].id,stu[i].name,stu[i].sex,
stu[i].math,
        stu[i].english,stu[i].c_program,stu[i].total);
        printf("文件保存成功!\n");
        fclose(fp);
    }
    //加载文件函数
    void load()
    {   int i;
        int n;        //读的记录数
        FILE *fp=fopen("c:\\score.txt","r");
        if(fp==NULL)
```

```
    {   printf("文件打开失败!\n");
            exit(1);
    }
    printf("请输入记录数:");
    scanf("%d",&n);
    num=n;
    for(i=0;i<n;i++)
        fscanf(fp,"%10ld%11s%9s%8d%8d%9d%8d",&stu[i].id,&stu[i].name,&stu[i].sex,&stu[i].math,
        &stu[i].english,&stu[i].c_program,&stu[i].total);
    fclose(fp);
    printf("\n");
}
//显示学生成绩记录函数
void show()
{   int i;
    printf("****************************************************************\n");
    printf("学号        姓名        性别      数学      英语      C语言        总成绩\n");
    printf("****************************************************************\n");
    for(i=0;i<num;i++)
    {
        printf("%-10ld%-11s%-9s%-8d%-8d%-9d%-8d\n",stu[i].id,stu[i].name,stu[i].sex,
        stu[i].math,stu[i].english,stu[i].c_program,stu[i].total);
        printf("-------------------------------------------------------------\n");
    }
}
//成绩递减输出函数
void score_sort()
{
    int i,j;
    struct STUDENT t;
    for(i=0;i<num-1;i++)
    {   for(j=0;j<num-1;j++)
        {   if(stu[j].total<stu[j+1].total)
                {t=stu[j];stu[j]=stu[j+1];stu[j+1]=t;}
        }
    }
}
//根据学号查询学生信息函数
void score_search()
{
    int i=0;
    long stunum;
    printf("请输入您的学号:");
    scanf("%d",&stunum);
    for(i=0;i<num;i++)
    {   if(stu[i].id==stunum)
        {   printf("****************************************************************\n");
            printf("学号        姓名        性别      数学      英语      C语言        总成绩\n");
            printf("****************************************************************\n");
            printf("%-10ld%-11s%-9s%-8d%-8d%-9d%-8d\n",stu[i].id,stu[i].name,stu[i].sex,
            stu[i].math,stu[i].english,stu[i].c_program,stu[i].total);
```

```
            break;
        }
    }
    if(i==num)
        printf("该生信息不存在!");
}
main()
{    int select;
     int flag=1;//退出标志
     page_title();//主菜单
     while(flag)
     {    printf("请输入选项:");
         scanf("%d",&select);
         switch(select)
         {
             case 1:student_new();break;
             case 2:save();break;
             case 3:load();show();break;
             case 4:score_sort();show();break;
             case 5:score_search();break;
             case 0:flag=0;break;
             default:break;
         }
     }
}
```

进阶案例——简易通讯录设计

1. 案例介绍

简易通讯录仅仅包含姓名和电话号码两个字段，利用文件操作可以实现简易通讯录设计。输入 5 位朋友的姓名和电话号码，姓名和电话号码中间加空格，然后将 5 位朋友的通讯信息保存到文本文件中，再读取文件中的所有通讯信息到屏幕上。输入数据进行保存的操作界面如图 13.7 所示，信息保存到文件中后，文件中信息如图 13.8 所示，读取数据进行显示的运行结果如图 13.9 所示。

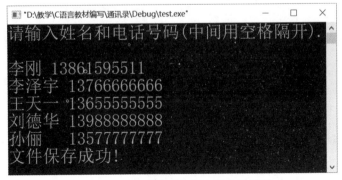

图 13.7　输入数据进行保存的操作界面

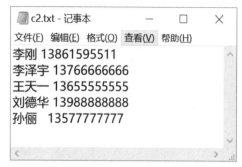

图 13.8 文件中信息

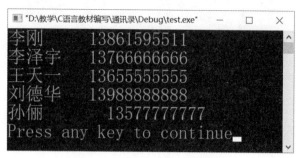

图 13.9 读取数据并显示数据

2. 案例分析

首先定义一个包含 5 个元素结构体数组，结构体成员包括姓名和电话号码，然后编写保存信息函数，输入 5 个朋友的通讯信息，姓名和电话号码之间加空格，利用 fputs 函数依次保存到文件中，保存时每位朋友的电话号码后面加上换行符。为了控制读取位置，再编写读取信息函数，逐一读取字符，如果不是空格，读取姓名信息；如果是空格，说明下一个字符是电话号码，如果是电话号码，读取电话号码，分别将字符依次存储到姓名或者电话号码数组中。最后编写显示信息函数和主函数，主函数中分别调用保存信息函数、读取信息函数和显示信息函数。

具体算法如下。

① 定义包含 5 个元素的结构体数组。

② 编写保存信息函数，利用 fputs 函数实现将数据保存到文件中。

③ 编写读取信息函数，利用 fgetc 函数逐一读取文件中的字符，通过判断字符类型分别将读取的信息保存到姓名或者电话号码数组中。

④ 编写显示信息函数，打印结构体数组中的所有数据。

⑤ 编写主函数，分别调用保存信息函数、读取信息函数和显示信息函数。

3. 项目代码

代码清单 13.11：

```
#include "stdio.h"
struct addr
{
      char nam[20];
      char phoneid[20];
}tel[5];
//保存信息函数
void save()
{
      FILE *fp;
      char infor[30];
      int i;
      if((fp=fopen("d:\\c2.txt","wt"))==NULL)
      {
         printf("文件打开失败!\n");
         exit(1);
      }
```

```
        printf("请输入姓名和电话号码(中间用空格隔开).\n");
        for(i=0;i<=4;i++)
        {
                gets(infor);
                strcat(infor,"\n");      //在电话号码后面加换行符
                fputs(infor,fp);          //保存信息
        }
        printf("文件保存成功!\n");
        fclose(fp);
}
//读取信息函数
void load()
{
        FILE *fp;
        char infor[25],ch;
        int i,j,k,f=1;
        if((fp=fopen("d:\\c2.txt","rt"))==NULL)
        {
            printf("文件打开失败!\n");;
            exit(1);
        }
        for(i=0;i<=4;i++)
        {
                f=1;j=0;k=0;
                ch=fgetc(fp);                //逐一读取字符
                while(ch!='\n')
                {
                    if(ch!=' '&&f==1)    //如果不是空格,读取姓名信息
                            tel[i].nam[j++]=ch;
                    if(ch==' ')           //如果是空格,下一个是电话号码
                            f=0;
                    if(f==0)              //如果是电话号码,读取电话号码
                            tel[i].phoneid[k++]=ch;
                    ch=fgetc(fp);
                }
        }
}
//显示信息函数
void pri()
{
        int i;
        for(i=0;i<=4;i++)
                printf("%s\t%s\n",tel[i].nam,tel[i].phoneid);
}
main()
{
        save();   //调用保存信息函数
        load();   //调用读取信息函数
        pri();    //调用显示信息函数
}
```

同步训练

一、选择题

1. 下列关于 C 语言数据文件的叙述中正确的是（　　）。
   A. 文件由 ASCII 码字符序列组成，C 语言只能读写文本文件
   B. 文件由二进制数据序列组成，C 语言只能读写二进制文件
   C. 文件由记录序列组成，可按数据的存放形式分为二进制文件和文本文件
   D. 文件由数据流形式组成，可按数据的存放形式分为二进制文件和文本文件

2. 以下叙述中不正确的是（　　）。
   A. C 语言中的文本文件以 ASCII 码形式存储数据
   B. C 语言中对二进制文件的访问速度比文本文件快
   C. C 语言中，随机读写方式不适用于文本文件
   D. C 语言中，顺序读写方式不适用于二进制文件

3. 若执行 fopen 函数时发生错误，则函数的返回值是（　　）。
   A. 地址值　　　　　B. 0　　　　　　　C. 1　　　　　　　D. EOF

4. 若 fp 是指向某文件的指针，当未遇到该文件结束标志时，函数 feof(fp)的值为
（　　）。
   A. 0　　　　　　　B. 1　　　　　　　C. −1　　　　　　D. 一个非 0 值

5. 在 C 程序中，可把整型数据以二进制形式存放到文件中的函数是（　　）。
   A. fprintf 函数　　B. fread 函数　　C. fwrite 函数　　D. fputc 函数

6. 标准函数 fgets(s, n, f) 的功能是（　　）。
   A. 从文件 f 中读取长度为 n 的字符串存入指针 s 所指的内存
   B. 从文件 f 中读取长度不超过 n−1 的字符串存入指针 s 所指的内存
   C. 从文件 f 中读取 n 个字符串存入指针 s 所指的内存
   D. 从文件 f 中读取长度为 n−1 的字符串存入指针 s 所指的内存

7. 有如下程序。
```
#include <stdio.h>
main()
{  FILE  *fp1;
   fp1=fopen("f1.txt","w");
   fprintf(fp1,"abc");
   fclose(fp1);
}
```
若文本文件 f1.txt 中原有内容为 good，则运行以上程序后文件 f1.txt 中的内容为
（　　）。
   A. goodabc　　　B. abcd　　　　C. abc　　　D. abcgood

二、填空题

1. 若要用 fopen 函数打开一个新的二进制文件，该文件要既能读也能写，则文件方式字符串应是＿＿＿＿＿＿＿。

2. 若 fp 已正确定义为一个文件指针，d1.dat 为二进制文件，为"读"而打开此文件的语句为"fp=fopen(_____)"。

3. 下面程序把从终端读入的文本（用@作为文本结束标志）输出到一个名为 bi.dat 的新文件中，将程序补充完整。

```c
#include  "stdio.h"
main()
{ FILE  *fp;
  char ch;
  if((fp=fopen(_____))==NULL) exit(0);
  while((ch=getchar( ))!='@') fputc(ch,fp);
      fclose(fp);
  }
```

4. 下面的程序用来统计文件中字符的个数，将程序补充完整。

```c
#include <stdio.h>
main()
{ FILE *fp;
  long num=0;
  if(( fp=fopen("fname.dat","r"))==NULL)
  { printf( "Can't open file! \n"); exit(0);}
    while(_____)
    { fgetc(fp); num++;}
  printf("num=%d\n", num);
  fclose(fp);
}
```

三、程序设计题

1. 编程实现，由终端输入一个文件名，然后把从终端键盘输入的字符依次存放到该文件中，用#作为结束输入的标志。

2. 编程实现，从键盘上输入一个字符串，把该字符串中的小写字母转换为大写字母，输出到文件 test.txt 中，然后从该文件读出字符串并显示出来。

技能训练

文件的应用

附录A

常用字符与ASCII码对照表

ASCII 值	字符	ASCII 值	字符	ASCII 值	字符	ASCII 值	字符
0	nul	32	sp	64	@	96	'
1	soh	33	!	65	A	97	a
2	stx	34	"	66	B	98	b
3	etx	35	#	67	C	99	c
4	eot	36	$	68	D	100	d
5	enq	37	%	69	E	101	e
6	ack	38	&	70	F	102	f
7	bel	39	`	71	G	103	g
8	bs	40	(	72	H	104	h
9	ht	41	)	73	I	105	i
10	nl	42	*	74	J	106	j
11	vt	43	+	75	K	107	k
12	ff	44	,	76	L	108	l
13	er	45	−	77	M	109	m
14	so	46	.	78	N	110	n
15	si	47	/	79	O	111	o
16	dle	48	0	80	P	112	p
17	dc1	49	1	81	Q	113	q
18	dc2	50	2	82	R	114	r
19	dc3	51	3	83	S	115	s
20	dc4	52	4	84	T	116	t
21	nak	53	5	85	U	117	u
22	syn	54	6	86	V	118	v
23	etb	55	7	87	W	119	w
24	can	56	8	88	X	120	x
25	em	57	9	89	Y	121	y
26	sub	58	:	90	Z	122	z
27	esc	59	;	91	[	123	{
28	fs	60	<	92	\	124	|
29	gs	61	=	93	]	125	}
30	re	62	>	94	^	126	~
31	us	63	?	95	_	127	del

附录B

运算符优先级和结合性

优先级	目数	运算符	名称	结合方向
1	单目	()	圆括号	左结合
		[]	下标	
	双目	->	指向	
		.	成员	
2	单目	!	逻辑非	右结合
		~	按位取反	
		++	自增	
		--	自减	
		-	负号	
		+	正号	
		（类型）	强制类型转换	
		*	指向	
		&	取地址	
		sizeof	长度运算符	
3	双目	*	乘法	左结合
		/	除法	
		%	求余	
4	双目	+	加法	左结合
		-	减法	
5	双目	<<	左移	左结合
		>>	右移	
6	双目	<	关系运算符	左结合
		<=		
		>		
		>=		
7	双目	==	等于	左结合
		!=	不等于	
8	双目	&	按位与	左结合
9	双目	^	按位异或	左结合
10	双目	|	按位或	左结合
11	双目	&&	逻辑与	左结合
12	双目	||	逻辑或	左结合
13	三目	?:	条件	右结合
14	双目	=	赋值类	右结合
		+=		
		-+		
		*=		
		/=		
		%=		
		>>=		
		<<=		
		&=		
		^=		
		|=		
15	双目	,	逗号	左结合

附录C

C语言常用函数表

1. 数学库函数（头文件：math.h）

函数原型	功能及返回值
int abs(int i)	返回整型参数 i 的绝对值
double acos(double x)	返回 x 的反余弦函数值
double asin(double x)	返回 x 的反正弦函数值
double atan(double x)	返回 x 的反正切函数值
double atan2(double y, double x)	计算并返回 y/x 的反正切函数值
double ceil(double x)	返回大于或者等于 x 的最小整数
double cos(double x)	返回 x 的余弦函数值
double cosh(double x)	返回 x 的双曲余弦函数值
double exp(double x)	返回 e^x 的值
double fabs(double x)	返回实数 x 的绝对值
double floor(double x)	返回不大于 x 的最大整数
double fmod(double x, double y)	计算并返回 x 对 y 的模，即 x/y 的余数
double frexp(double value, int *eptr)	将参数 value 分成两部分：0.5 和 1 之间的尾数（由函数返回）并返回指数 n, value=返回值*2^n, n 存放在 eptr 指向的变量中
double hypot(double x, double y)	计算并返回直角三角形的斜边长
long labs(long n)	返回长整型绝对值
double ldexp(double value, int exp)	计算并返回 value*2^{exp} 的值
double log(double x)	计算并返回 $\log_e^x$ 的值
double log10(double x)	计算并返回 $\log_{10}^x$ 的值
double modf(double value, double *iptr)	函数将参数 value 分割为整数和小数，返回小数部分并将整数部分赋给 iptr
double pow(double x, double y)	计算并返回 x 的 y 次方
double pow10(int p)	计算并返回 10 的 p 次方
double sin(double x)	返回 x 的正弦函数值
double sinh(double x)	返回 x 的双曲正弦函数值
double sqrt(double x)	计算并返回 x 的平方根
double tan(double x)	返回 x 的正切函数值
double tanh(double x)	返回 x 的双曲正切函数值

2. 字符函数（头文件：ctype.h）

函数原型	功能及返回值
int isalpha(int c)	若 c 是字母则返回 1(True)，否则返回 0(False)
int isdigit(int c)	若 c 是数字则返回 1(True)，否则返回 0(False)
int isspace(int c)	若 c 是空格符则返回 1(True)，否则返回 0(False)
int isalnum(int c)	若 c 是字母或数字则返回 1(True)，否则返回 0(False)
int iscntrl(int c)	若 c 是控制字符则返回 1(True)，否则返回 0(False)

续表

函数原型	功能及返回值
int isprint(int c)	若 c 是一个打印的字符则返回 1(True)，否则返回 0(False)
int isgraph(int c)	若 c 不是空白的可打印字符则返回 1(True)，否则返回 0(False)
int ispunct(int c)	若 c 是空格、字母或数字以外的可打印字符则返回 1(True)，否则返回 0(False)
int islower(int c)	若 c 是一个小写的字母则返回 1(True)，否则返回 0(False)
int isupper(int c)	若 c 是一个大写的字母则返回 1(True)，否则返回 0(False)
int isxdigit(int c)	若 c 是一个十六进制数字则返回 1(True)，否则返回 0(False)
int tolower(int c)	若 c 是一个大写的字母则返回小写字母，否则直接返回 c
int toupper(int c)	若 c 是一个小写的字母则返回大写字母，否则直接返回 c

3. 字符串函数（头文件：string.h）

函数原型	功能及返回值
int strlen(char *str)	返回字符串 str 的长度
char *strcpy(char *str1,char *str2)	将 str2 字符串复制到 str1 字符串，并返回 str1 地址
char *strncpy(char *d,char *s,int n)	复制 str2 字符串的前 n 个字符到 str1 字符串，并返回 str1 地址
char *strcat(char *str1,char *str2)	将 str2 字符串链接到字符串 str1，并返回 str1 地址
char *strncat(char *str1,char *str2,int n)	链接 str2 字符串的前 n 个字符到 str1 字符串，并返回 str1 地址
int strcmp(char *str1,char *str2)	比较 str1 字符串与 str2 字符串，若 str1>str2，返回正值；str1==str2，，返回 0；str1<str2，返回负值
int strncmp(char *str1,char *str2,int n)	比较 str1 字符串与 str2 字符串前 n 个字符，若 str1>str2，返回正值；str1==str2，返回 0；str1<str2，返回负值
char *strchr(char *str,char c)	查找字符 c 在 str 字符串中第一次出现的位置，若找到则返回该位置的地址，没有找到则返回 NULL
char *strrchr(char *str,char c)	查找字符 c 在 str 字符串中最后一次出现的位置，若找到则返回该位置的地址，没有找到则返回 NULL
char *strstr(char *str1,char *str2)	查找 str2 字符串在 str1 字符串中第一次出现的位置，若找到则返回该位置的地址，没有找到则返回 NULL

4. 输入输出函数（头文件：stdio.h）

函数原型	功能及返回值
void clearerr(FILE* fp)	使 fp 所指文件的错误标志和文件结束标志置 0
int fclose(FILE* fp)	关闭 fp 所指的文件，有错则返回非 0；否则返回 0
int feof(FILE* fp)	检查文件是否结束，文件结束返回非 0，否则返回 0
int fgetc(FILE* fp)	从 fp 所指定的文件中取得下一个字符返回所得到的字符,若读入出错，返回 EOF

函数原型	功能及返回值
char *fgets(char *buf,int n, FILE* fp)	从 fp 指向的文件读取一个长度为(n-1)的字符串，存入起始地址为 buf 的空间，返回地址 buf，若文件结束或出错，返回 NULL
FILE *fopen(char *filename,char *mode)	以 mode 指定的方式打开名为 filename 的文件，若成功，返回一个文件指针；否则返回 0
int fprintf(FILE* fp,char *format,args)	把 args 的值以 format 指定的格式输出到 fp 所指定的文件中
int fputc(char ch, FILE* fp)	将字符 ch 输出到 fp 指向的文件中，若成功，则返回该字符；否则返回非 0
int fputs(char *str, FILE* fp)	将 str 指向的字符串输出到 fp 指向的文件中，若成功，则返回 0；出错返回非 0
int fread(char *pt,unsigned size, unsigned n, FILE* fp)	从 fp 指向的文件中读取长度为 size 的 n 个数据项，存到 pt 所指向的内存区，返回所读的数据项个数，如果文件结束或出错则返回-1
int fscanf(FILE* fp,char *format,args)	从 fp 指定的文件中按 format 格式将输入的数据送到 args 的内存单元，返回已输入的数据个数
int fseek(FILE* fp,longoffset,int base)	将 fp 指向的文件的位置指针移到以 base 所给出的位置为基准、以 offset 为位移量的位置，返回当前位置；否则，返回-1
long ftell(FILE* fp)	返回 fp 所指向的文件中的读写位置
int fwrite(char *ptr,unsigned size, unsigned n, FILE* fp)	把 ptr 所指向的 n*size 个字节输出到 fp 所指向的文件中，返回写到 fp 文件中的数据项的个数
int getchar()	从标准输入设备读取下一个字符
int printf(char *format,args)	按 format 指向的格式字符串所规定的格式，将输出表列 args 的值输出到标准输出设备，返回输出字符的个数，若出错，返回负数
int putc(int ch, FILE* fp)	把一个字符 ch 输出到 fp 所指的文件中，若出错，返回 EOF
int putchar(char ch)	把字符 ch 输出到标准输出设备，若出错，返回 EOF
int puts(char *str)	把 str 所指向的字符串输出到标准输出设备，将 '\0' 转换为回车换行，返回换行符，若失败，返回 EOF
void rewind(FILE* fp)	将 fp 指示的文件中的位置指针置于文件开头位置，并清除文件结束标志和错误标志
int scanf(char *format,args)	从标准输入设备按 format 指向的格式字符串所规定的格式，输入数据给 args 的内存单元，返回读入并赋给 args 的数据个数，遇文件结束返回 EOF，出错返回 0

5. 动态存储分配函数（头文件：malloc.h）

函数原型	功能及返回值
void *calloc(unsigned n,unsigned size)	分配 n 个数据项的内存连续空间，每个数据项的大小为 size，返回内存单元的起始地址，如不成功，返回 0
void free(void *fp)	释放 p 所指的内存区
void *malloc (unsigned size)	分配 size 字节的存储区，返回所分配的内存区起始地址，如内存不够，返回 0

参 考 文 献

[1] 谭浩强. C 语言程序设计（第三版）[M]. 北京：清华大学出版社. 2013.
[2] 匡泰，时允田. C 语言程序设计项目式教程 [M]. 北京：人民邮电出版社. 2017.
[3] 李学刚，杨丹，等. C 语言程序设计 [M]. 北京：高等教育出版社. 2013.
[4] 李含光，郑关胜. C 语言程序设计教程 [M]. 北京：清华大学出版社. 2014.
[5] 杨丽波，朱迅. C 语言程序设计教程 [M]. 北京：机械工业出版社. 2014.
[6] 宋铁桥，刘洁，赵叶. C 语言程序设计任务驱动式项目教程[M]. 北京：人民邮电出版社. 2018.
[7] 李红，伦墨华，王强. C 语言程序设计实例教程.. 北京：机械工业出版社. 2014.
[8] 沈大林，赵玺. C 语言程序设计案例教程 [M]. 2 版. 北京：中国铁道出版社. 2012.
[9] 徐国华，王瑶，侯小毛. C 语言程序设计（慕课版）. 北京：人民邮电出版社. 2017.
[10] 丁辉，王林林. C 语言程序设计任务教程 [M]. 北京：中国铁道出版社. 2012.
[11] 传智播客高教产品研发部. C 语言程序设计教程 [M]. 北京：中国铁道出版社. 2014.
[12] Ivor Horton. C 语言入门经典 [M]. 5 版. 北京：清华大学出版社. 2013.